U0725340

既有建筑绿色低碳更新改造

葛 坚 罗晓予 等 著

中国建筑工业出版社

图书在版编目（CIP）数据

既有建筑绿色低碳更新改造 / 葛坚等著 . -- 北京：
中国建筑工业出版社，2025.9. -- ISBN 978-7-112
-31458-4

Ⅰ. TU241

中国国家版本馆 CIP 数据核字第 20254FZ292 号

本书结合不同类型既有建筑的实例分析和调研，提出"改造潜力评估 - 改造对象筛选 - 改造技术优选 - 改造效果评价"的既有建筑绿色低碳改造的全过程方法，并给出居住建筑和典型公共建筑的适宜性技术清单，可为量大面广的既有建筑绿色低碳改造提供理论支持和技术支撑，指导不同类型既有建筑的绿色低碳改造实践。本书内容包括：绪论；既有建筑绿色低碳改造潜力评估、既有建筑绿色低碳改造技术优选方法、既有建筑绿色低碳改造实证分析、既有建筑绿色低碳改造环境效益评价、既有建筑改造环境效益评价实证分析等。

本书适用于从事绿色低碳建筑领域技术研究、开发和规划、设计、施工、运营管理等专业人员、政府管理部门工作人员及大专院校师生，同时也可以作为广大建设单位、房地产开发商、设计单位和咨询单位等从事绿色低碳建筑、既有建筑改造更新实践的参考用书。

责任编辑：王华月　孙玉珍
责任校对：芦欣甜

既有建筑绿色低碳更新改造

葛　坚　罗晓予　等　著

*

中国建筑工业出版社出版、发行（北京海淀三里河路9号）

各地新华书店、建筑书店经销

北京点击世代文化传媒有限公司制版

建工社（河北）印刷有限公司印刷

*

开本：787毫米×1092毫米　1/16　印张：10¼　字数：204千字

2025年8月第一版　2025年8月第一次印刷

定价：**68.00**元

ISBN 978-7-112-31458-4

　　　（45444）

著写人员名单

葛　坚　罗晓予　樊永航　任梦玉

前言

在应对全球气候变化、推动可持续发展的时代背景下，既有建筑的绿色低碳改造已成为实现"双碳"目标的关键路径。我国既有建筑存量巨大，其能耗与碳排放占社会总量的比重逐年攀升，如何在有限的资源条件下，科学、高效地推进建筑绿色化转型，是学术界与工程界共同面临的重大课题。本书聚焦既有建筑改造的潜力评估、技术优化与综合评价体系构建，旨在为建筑领域低碳发展提供系统性解决方案，助力城市更新与生态文明建设。

本书的创新性体现在四大核心方向：其一，全链条式绿色低碳改造方法。针对大规模建筑改造的复杂性与资源约束，本书提出"改造潜力评估—改造对象筛选—改造技术优选—改造效果评价"的全流程优化框架。该方法突破传统"粗放式改造"的局限，通过动态筛选高潜力改造对象、精准匹配适宜性技术，实现有限预算下的节能减排效益最大化。这一流程不仅为政府与企业的改造优先级决策提供科学依据，更推动建筑改造从"经验驱动"向"数据驱动"转型。其二，智能算法驱动的多目标优化模型。面对既有建筑改造中参数复杂、限制条件多、模拟耗时长的痛点，本书融合物理模型、神经网络（ANN）与遗传算法，构建"模拟—预测—优化"一体化技术体系。通过 ANN 替代传统性能模拟，显著提升计算效率；结合多目标优化算法，实现"碳排放 - 经济性 - 能效"的协同权衡。这一模型为复杂约束下的改造方案优选提供了兼具精度与效率的工具，推动技术决策从"定性分析"迈向"定量寻优"。其三，预算分级导向的改造策略库。针对不同主体的经济约束差异，本书突破单一技术路径的思维定式，构建基于全生命周期碳排放、能耗与成本的多目标优化模型。通过量化分析夏热冬冷地区典型改造技术的碳减排潜力与经济投入比，提炼分级策略和技术体系。这一成果为政府制定差异化补贴政策、企业设计弹性改造方案提供了直接参考，真正实现"量体裁衣"式的低碳改造。其四，全生命周期视角下的综合评价体系。本书将碳核算边界从建筑运行阶段拓展至"物化-使用-拆除"全周期，并引入"减碳效率""碳回收时间"等动态环境负荷指标。同时，突破传统以技术性能为核心的评价方式，从"安全、健康、舒适、便利、归属感"五个维度构建品质提升指标，形成改造效果的双重评价框架。这一体系不仅为建筑改造的碳足迹认证提供方法论，更重新定义了绿色改造的价值内涵——低碳目标与美好人居的共生共赢。

　　本书的出版，凝聚了课题组多年深耕既有建筑绿色改造领域的理论探索与实践经验。樊永航同学承担了改造潜力评估模型与多目标优化算法的相关工作；任梦玉同学承担了改造综合环境评价体系构建的相关内容。张彦彤、杨佳怡、王凯雯、余爽和邱锡伶同学在文献梳理、内容统稿、数据校核、工程术语标准化方面完成大量基础性工作。我们期待，本书能为建筑领域的研究者、工程师与政策制定者提供新思路、新工具，共同推动我国城乡建设从"高碳粗放"向"低碳精细"的深刻转型。

目 录 C O N T E N T S

第 1 章

绪论

1.1 研究背景

1.1.1 气候变化与建筑行业碳减排

在过去的 100 年里，人类活动导致大气中的 CO_2 浓度显著增加[1]。碳排放引起的气候变化给人类的生存和发展带来了前所未有的威胁，例如极端天气、物种灭绝和粮食短缺等。追求低碳发展，建设低碳城市成为不可避免的议题。减少碳排放对于积极应对气候变化和平衡世界能源和生态格局的发展有至关重要的作用[2]。2015年 12 月，《巴黎协定》（The Paris Agreement）提出长期目标是将全球平均气温较工业化前水平升高控制在 2℃之内，争取控制在 1.5℃之内，并在 2050 ~ 2100 年实现全球"碳中和"目标。2023 年全球碳排放 374 亿 t，而中国碳排放量达到 126 亿 t，超过了美国和欧盟的总和，约占全球总排放量的 1/3，是世界上碳排放增量最大的国家[3]，人均碳排放首次超过日本（图 1-1）。我国政府高度重视碳排放问题，在第 75届联合国大会期间就提出将提高国家自主贡献力度，采取更加有力的政策和措施，二氧化碳排放力争于 2030 年前达到峰值，努力争取 2060 年前实现碳中和。在我国的"十四五"规划中，"双碳"目标已经成为积极应对气候变化、推进绿色可持续发展的重要战略目标之一。

建筑是能源消耗和温室气体排放的主要来源。根据国际能源署（International Energy Agency）的统计数据，2022 年建筑和建筑行业占全球最终能源消耗的 30% 和能源相关二氧化碳排放总量的 27%[4]。根据中国建筑节能协会发布的《2022 中国建筑能耗与碳排放研究报告》，2020 年全国建筑全过程能耗总量为 22.7 亿 t 当量煤，占全国能源消费总量比重为 45.5%；碳排放总量 50.8 亿 tCO_2，占全国碳排放的比重为 50.9%。因此建筑行业推进节能减排势在必行，是保证我国顺利实现"双碳"目标的关键领域。

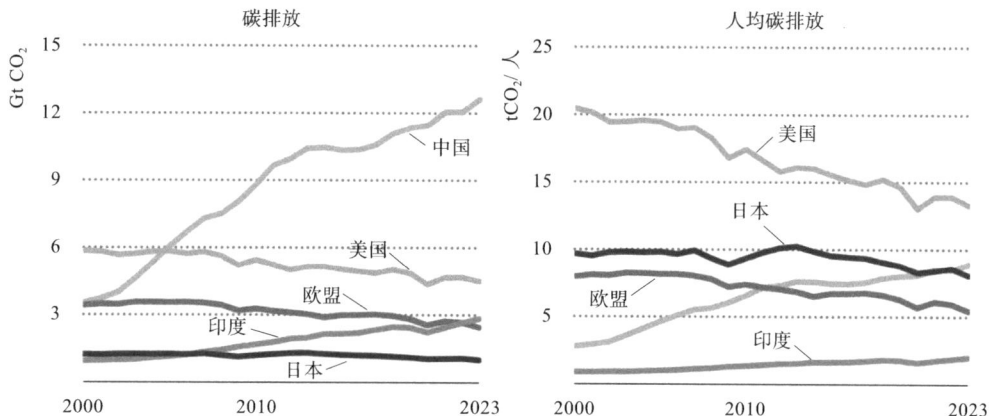

图 1-1 2000 ~ 2023 年世界主要经济体的碳排放情况

1.1.2 既有建筑绿色低碳改造的迫切需求

既有建筑绿色改造成为助力建筑行业节能减排的重要举措。根据中国国家统计局数据，截至 2020 年底，全国累计建成绿色建筑面积超 66 亿 m^2，累计建成节能建筑面积超过 238 亿 m^2，节能建筑占城镇民用建筑面积比例超过 63%，全国城镇完成既有居住建筑节能改造面积超过 15 亿 m^2，既有建筑的节能减排潜力仍然很大，提高现有建筑的能效在实现可持续发展方面发挥着重要作用[5]。在既有建筑中，学校建筑和住区存量规模大，且有相当数量的学校和住区建成年代久远，热工性能较差，导致能源利用效率低、碳排放量高、使用品质差，改造需求较为迫切。此外，从全生命周期的角度研究既有建筑改造产生的碳排放，综合权衡全生命周期各阶段的碳排放量以获得最佳改造策略，是不容忽视的。

（1）既有学校建筑绿色低碳改造

学校建筑是城乡居民生活不可或缺的重要建筑类型。根据教育部发布的《2022年全国教育事业发展统计公报》，截至 2022 年底，中国全国共有各级各类学校 51.85万所，其中，普通小学为 14.91 万所，建筑面积 88961.8 万 m^2；初中学校 5.25 万所，建筑面积 78648.35 万 m^2，学校总建筑面积约占全国公共建筑面积 15%。然而现有研究发现，有相当数量的既有学校建筑由于建设年代久远，或受到发展水平、经济因素限制等原因，热工性能较差，能源利用率低，具有很大的节能减碳潜力。Xing J 等[6]对天津市 270 所既有学校建筑的能耗数据进行了统计分析，发现通过对供暖系统进行升级还可节约 21% ~ 59% 的年能耗。朱丽等[7]对天津市 74 栋既有中小学建筑进行了实地调研，发现 2005 年前设计建造的小学建筑比 2005 年单位建筑面积非供暖能耗平均值高出 38%。在潘洲等[8]、唐文龙等[9]对上海和南京地区既有中小学建筑的调研中，均发现尽管学校建筑相对于其他公共建筑耗能相对较小，但仍有很大的节能潜力。此外，学校作为中小学生长时间学习和活动的主要场所，在校期间约

80% 的时间在室内度过 [10]，教学空间的室内环境质量密切影响学生健康。方雨航 [11]、黄梓薇 [12] 等调研了夏热冬冷地区学校教室的室内环境，发现现有教室环境健康性能仍存在较大的提升空间。因此，校园建筑作为社会公共建筑的重要组成部分，其能耗和碳排放不可忽视，环境性能也有待提升，是城镇既有建筑绿色改造的主要对象之一。

此外，《中共中央、国务院关于完整准确全面贯彻新发展理念做好碳达峰碳中和工作的意见》和《国务院关于印发 2030 年前碳达峰行动方案的通知》都强调了"把绿色低碳发展纳入国民教育体系"。在校园中实施绿色建筑和低碳措施，有助于把绿色低碳发展理念全面融入国民教育体系各个层次和各个领域，促进绿色低碳理念的普及和教育，加深对绿色低碳理念的理解和实践，对于"凝聚全社会共识，加快形成全民参与的良好格局"具有深远的意义。

综上，校园建筑作为社会公共建筑的重要组成部分，是碳排放的重要来源之一，也是绿色低碳教育的主要阵地，其节能低碳改造对于实现"碳达峰、碳中和"战略具有重大意义。校园建筑因其独特的空间功能特点、运行用能特征，有别于一般公共建筑。将节能低碳的相关理念和要求融入校园建筑的改造建设过程，大力推进校园建筑的节能低碳改造，是当前国家战略和公共机构转型升级下的必然需求。

（2）既有住区绿色低碳改造

既有住区，是旧住宅建筑单体（多为 2000 年以前建造的住宅）及其居住环境在一定的自然地域空间、社会经济形态和使用时间区段的整体功能状态的集合 [13]。

城市住宅建筑产生的碳排放占建筑行业碳排放的比例超过 40%。2000 年至 2018 年，中国城市住宅建筑产生的 CO_2 排放量从 2.89 亿 t 攀升至 8.91 亿 t [14]。既有住区是城市建设发展过程中的重要组成部分。加快改造城镇既有住区的工作已经上升到国家层面。我国既有住区存量很高，截至 2019 年 5 月底，按照建成于 2000 年以前、公共设施落后影响居民基本生活、居民改造意愿强烈的住宅小区标准，全国需要改造的城镇老旧小区 17 万个，涉及居民上亿人，建筑面积约为 40 亿 m^2 [15]。

由于建设年代较为久远、建造之初设计标准要求较低、维护不到位等，既有住区往往存在建筑能源利用效率低下、居住环境品质差、公共活动空间缺乏和市政公用设施落后等诸多问题。

由此可见，既有住区已经不能充分满足人们宜居要求，改造需求迫切 [16]。根据住建部发布的《关于做好 2019 年老旧小区改造工作的通知》，主要的改造内容包括三个层次：保证基本的配套设施如水、电、气、路等市政基础设施的维修完善；建设提升类的基础设施，如公共活动场地；完善公共服务类的设施如养老、抚幼、医疗等。然而目前的住区改造工程中仍然表现出一系列问题，如改造模式单一、文脉风貌缺失；重建筑而轻住区，仅限于住宅单体改造；重表面而轻内在，停留在物质形态层面，较少涉及社区文化及归属感的提升等，城市既有住区升级改造技术体系的研究还有待提升[17, 18]。

此外，《国务院办公厅关于全面推进城镇老旧小区改造工作的指导意见》（国办发〔2020〕23号）强调了"城镇老旧小区改造是党中央、国务院高度重视的重大民生工程和发展工程，鼓励各地结合城镇老旧小区改造，同步开展绿色社区创建，促进居住社区品质提升"。通过绿色低碳的改造措施，不仅能有效降低能源消耗，优化小区环境，提高居住舒适度，同时也有助于把绿色低碳发展理念全面融入社区各个层面，加深居民对绿色低碳理念的理解和实践，是促进城市可持续发展、实现节能减排目标的关键步骤。

综上，既有住区作为城市居住环境的重要组成部分，是碳排放的重要来源之一，也是改善居住品质和推广绿色生活理念的核心领域。鉴于既有住区普遍存在的围护结构热工性能差、居住品质低下等问题，在改造过程中融入绿色低碳理念并考虑环境效益显得尤为重要。大力推动既有住区的品质升级和普及绿色低碳生活方式，对于国家当前推进的可持续发展战略以及居住区的转型升级至关重要。这不仅是构建和谐、宜居、绿色社区不可或缺的一环，也有助于达成"碳达峰、碳中和"的战略目标。

1.1.3 既有建筑绿色低碳改造的政策引导

目前，世界各地已经出台了多种政策来促进既有建筑的绿色改造，在美国等发达国家，60%的现有建筑业项目专注于建筑改造，欧盟约70%的建筑计划以建筑改造为目标[19]。欧盟委员会于2019年发布的建筑翻新计划（The Renovation Wave Strategy），目标为每年的建筑翻修率达到2%，并要求2030年以前新建建筑物和深度翻修的建筑物均达到零排放[20]。英国政府也颁布了《学校重建计划》（School Rebuilding Programme），该计划旨在对老旧学校建筑进行现代化改造，包括结构安全、节能性能提升以及教学环境的优化等。由此可见，既有建筑绿色改造对于建筑领域应对气候变化至关重要，利用建筑绿色改造实现减碳目标已经成为世界各国建筑行业的共识。

此外，国内也颁布了相关政策支持既有建筑的绿色低碳改造。2021年，中共中央办公厅、国务院办公厅印发的《关于推动城乡建设绿色发展的意见》提出推进既有建筑绿色化改造，鼓励与城镇老旧小区改造、农村危房改造、抗震加固等同步实施。开展绿色建筑、节约型机关、绿色学校、绿色医院创建行动。住房和城乡建设部在《"十四五"建筑业发展规划》中明确提出我国城市发展将由大规模增量建设转为存量提质改造和增量结构调整并重，并在《"十四五"建筑节能与绿色建筑发展规划》中宣布计划于2021～2025年完成既有建筑节能改造面积3.5亿 m^2 以上。力争到 2025 年，全国完成既有居住建筑节能改造面积超过 1 亿 m^2。同时，累计完成既有公共建筑节能改造 2.5 亿 m^2 以上。2024 年，国家发展改革委、住房和城乡建设部《加快推动建筑领域节能降碳工作方案》强调推进城镇既有建筑改造升级，结合小区公共环境整治、老旧小区改造等工作统筹推进，加快推进既有建筑节能改造。国务院《2024-2025 年节能降碳行动方案》强调推进存量建筑改造，加快建筑节能改造。到 2025 年底，完成既有建筑节能改造面积较 2023 年增长 2 亿 m^2 以上，改造后的居住建筑、公共建筑节能率分别提高 30%、20%。

1.2　国内外研究现状

1.2.1　改造潜力评估

既有建筑绿色低碳改造是推进既有建筑向绿色建筑转型升级的必由之路，同时也是推动建筑业实现可持续发展的重要举措。为了确保改造的可持续性和改造效益，对既有建筑改造进行全面系统的潜力评估是至关重要的。建立潜力评估模型为既有建筑进行改造潜力评估，有助于指导具体改造方案的决策，从而达到资源的高效利用与优化配置。

目前，针对既有建筑改造潜力的预评估方法，有部分学者开始展开了相关研究。谢琳琳等[21]基于高斯混合模型对老旧小区成片改造技术路径开展理论层面的研究，建立由 3 个维度和 12 个一级指标、32 个二级指标构成的多维指标体系来评估老旧小区历史文化价值、人居环境水平以及未来发展潜力，并据此将广州市老旧小区划分为六种改造类型，并分别总结出各片区类型的典型特征与相应的改造方向。王鑫[22]建立了老旧小区绿色改造潜力综合评价指标体系，确定经济性、生活质量、小区信息、环境性能、安全性能、节能性能等 6 个一级指标以及 23 个二级指标，并基于物元可拓理论构建了潜力评估模型，制定了详细的评分标准，从而实现对工程项目的绿色改造潜力进行评估。董玉琴等[23]将老旧小区绿色化改造综合效益影响因素归纳为技术效益、环境效益、生态效益和社会效益 4 个方面，用以构建评价指标体系；基于梯形模糊层次分析法（TF-AHP）及云物元理论建立老旧小区绿色化改造综合效益评价模型。叶青等[24]将 BIM 技术和 GIS 技术相结合，建立绿色更新的数学模型，对单个目标下的现有居住小区更新改造方案进行优选。采用差分演化方法，研究在多个目标条件下，如何从环境改善、节能减排和降低成本等角度，寻找以性能为导向的变革优化方案。王玮[25]从背景、投入、过程和结果四个方面构建城镇老旧小区改造优先级评价指标体系帮助决策者对改造项目进行诊断。范一鹏[26]针对既有公共建筑构建了一种决策模型，该模型以经济效益、节能效益、减碳效益及投资规模作为主要和次要目标，使决策者能够积极参与决策过程、实施干预，并能够量化地挑选在不同目标下的最优方案。李奕锜[27]从"居民意愿""社区现状""预期影响"和"环境绩效"四个角度出发，构建了"老旧小区改造潜力"的评估指标体系，并构造了一个"潜力评估"的模型。

可以看出，近些年的相关研究将生态效益、社会效益、改造效益等关键因素纳入既有建筑改造潜力评估指标体系。然而，目前相关研究大多针对老旧小区，对公共建筑等其他类型既有建筑的关注相对不足。此外，现有评估体系在指标设计上存在明显的定性指标偏多、定量化不足的问题，导致其在实际工程实践中的指导作用相对有限。

1.2.2 绿色改造优化方法

既有建筑的绿色改造的技术决策过程往往需要多目标权衡，尤其在面对有限预算和多种建筑标准和规范的限制时，如何最大化投资收益并同时满足相应的节能和室内环境要求是绿色改造主要面临的问题。多目标优化算法的开发和使用为这一问题提供了解决思路，该优化算法可以在各个目标之间进行协调平衡，使优化问题达到整体最优。目前已有多种多目标优化算法在建筑改造研究中得到应用，通过建筑性能模拟（主要包括建筑能耗和负荷计算、照明和采光模拟、室内通风模拟、室内声模拟以及全生命周期模拟等）和多目标优化算法相结合，优化结束后所得到的帕累托前解集可以为改造技术措施的选择提供参考，以完成最适宜的改造方案设计。

近年来，在建筑改造设计的相关研究中，部分学者将改造的节能量、经济性、环境影响等多个目标同时进行优化，以获得综合权衡的改造方案。Rosso F 等[28]基于 Python 和 EnergyPlus 平台，同时以初始投资成本、年运行成本、年运行碳排放和年能源需求最低为目标对住宅建筑进行多目标优化，发现最优改造方案能够减少 49.2% 的年能源需求、48.8% 的年能源成本和 45.2% 的年运行碳排放。Ascione F 等[29]以初始投资成本、全生命周期总体成本、一次能源消耗最低为优化目标，使用多目标优化方法得到了不同初始投资预算情况下意大利医院建筑的优化改造方案。Chantrelle P F 等[30]基于 MultiOpt 多目标优化平台，对能耗、热舒适、初始投资成本、碳排放进行了多目标优化，获得了法国尼斯一所典型学校建筑围护结构改造的优化设计方案。Sharif S A 等[31]基于 Revit 平台，对能耗和经济成本进行了多目标优化，并对帕累托前沿解进行了碳排放计算和排序，构建了适用于加拿大大学建筑的改造方案优化方法。He Q 等[32]针对中国温和地区和夏热冬冷地区的住宅建筑，考虑了 28 种改造措施，采用遗传算法，获得了两个气候区及不同节能率下的改造技术方案。Shadram F 等[33]采用 BIM 和 Grasshopper 平台相结合，对瑞典的住宅原型案例进行了多目标优化，优化目标为运行能耗和物化能耗，通过比较改造措施实现不同节能标准所需的物化阶段能耗和运行阶段能耗，获得了综合权衡运行和物化阶段能耗的改造策略。整理既有建筑改造优化方法相关文献见表 1-1。

既有建筑改造优化方法相关文献　　表 1-1

作者	建筑类型	对象选择	优化目标	优化算法	模拟工具
Heracleous C 等 [34]	中小学	随机案例	能耗、经济性	仿真模拟	IES-VE
Nazanin N 等 [35]	中小学	典型案例	能耗、经济性、碳排放、舒适性	仿真模拟	DesignBuilder
Asdrubali F 等 [36]	中小学	随机案例	能耗、经济性、碳排放	仿真模拟	SimaPro
Ali H 等 [37]	中小学	随机案例	能耗、经济性	仿真模拟	IDA-ICE
Bugenings L A 等 [38]	中小学	随机案例	能耗、舒适性	仿真模拟	IDA ICE
Pistore L 等 [39]	中小学	典型案例	能耗	随机森林算法	非模拟
Shen P 等 [40]	中小学	典型案例	能耗、经济性	随机森林算法	SimBldPy

可以看出，上述研究通过建筑性能模拟工具和多目标优化算法相结合，得到了综合考虑建筑绿色改造不同目标的优化方案。然而，大多学者针对具体建筑案例进行优化，改造对象的选择具有随机性，在面对大规模的同类型建筑改造时，未采用前置的改造潜力预评估，难以支撑规模化改造策略制定。此外，在优化过程中对碳排放因素的考量尚不全面，往往仅关注运行阶段的碳排放，忽略了材料生产、施工、拆除等全生命周期阶段的碳足迹影响。

1.2.3　绿色改造的效益评价

（1）碳排放降低

既有建筑绿色改造的碳排放影响研究具有重要意义，因为相关研究能够促进既有建筑在改造阶段与改造后降低碳排放，节省能源消耗，助力实现碳中和目标。然而，现有研究多集中于运行阶段的碳排放减少，重点关注围护结构改造、设备更新等措施对运行能耗的影响。Vilches A 等 [41] 通过总结文献中的改造案例，发现既有建筑在实施节能改造后，在剩余使用寿命期内可以节省约 30%～80% 的能源消耗。Gil-Baez M 等 [42] 对西班牙南部一所既有建筑的改造过程进行了能耗模拟和碳排放量计算，结果显示改造后建筑年供暖和制冷能耗分别可节省 17.7% 和 15.9%，若将这些措施应用到 2000 年之前建造的大约 4050 栋当地其他同类型建筑，预测每年可减少 36950t 的 CO_2 排放。Mytafides C K 等 [43] 采用意大利节能标准推荐的改造措施对一幢既有建筑进行整体改造，发现通过对围护结构、暖通系统、照明系统的综合改造，每年可以减少 43% 的运行阶段碳排放，若继续采用光伏系统，每年的减碳率可以上升至 109% 以上。然而，上述文献大多针对改造措施所带来的运行阶段节能量或碳减排量进行研究，忽视了改造技术措施在建材生产、运输、建造、维护、废弃和拆除等阶段所产生的碳排放。Shadram F 等[44]研究发现在建筑运行阶段的节能具有一定限制，超过该限制则会带来物化阶段能源的大量消耗，从而导致全生命周期能源消耗的增加，物化阶段和运行阶段的碳排放权衡至关重要。罗智星[45]通过比较绿色建筑与普通建筑的全生命期碳排放，发现对于运行能耗相对较低的建筑，节能技术在物化阶段产生的碳排放对其全生命周期碳排放影响较大。因此，有必要从全生命周期的角度，综合考虑改造技术措施实施过程中全生命周期不同阶段碳排放的权衡。

也有部分研究已开始探索从全生命周期角度开展既有建筑改造过程的碳排放核算。钱骁基于生命周期理论从改造过程的施工、改造后运营维护（建筑电耗、气耗）、建筑拆除三个阶段对既有改造建筑的碳排放进行核算[46]。彭路续更加注重改造过程，其核算的过程边界为改造前生产施工（如果还保有资料）、改造物料生产阶段、改造施工阶段、改造（前）后使用阶段、拆除回收阶段[47]。然而，由于建筑全生命周期碳排放的研究仍处在起步阶段，现有改造措施大多针对围护结构改造等被动式改造技术措施进行碳排放计算，但很少有文献从全生命周期角度考虑建筑设备替换所带来的碳排放。随着建筑改造工程的大规模实施，深入研究建筑设备、可再生能源系统以及相关改造措施的全生命周期碳排放很有必要。

（2）环境性能提升

低碳改造效益评价不能只侧重于节能降碳技术的应用，而忽视对环境效益的综合评估，如生态效益、社会效益以及居民生活质量提升等方面的协同作用。建筑的综合评价体系多针对新建建筑的环境品质进行评价，而较少针对既有建筑改造的品质提升效果进行评价。目前国际上比较广泛认可的可持续建筑评价体系主要有美国绿色建筑委员会开发的 LEED-ND（Neighborhood Development）（2014），英国组织 BRE Global 开发的 BRE Global BREEAM 社区（2014）和日本的 CASBEE-UD（Urban Development）（2014）；在我国，《中国绿色低碳住区技术评估手册》是应用和接受度比较广泛的一个技术体系。这几种体系在选址、能源、水环境、交通、社区规划和设计、生态环境均设置了一系列评价指标，在对全球变暖和社区人文两方面还需要被进一步关注[48-50]，见表1-2。

除了认可度高的体系，国内外学者对人居环境质量评价在理论和实践上都作了大量研究，多根据世界卫生组织以人类生活行为为基础提出居住环境的基本理念："安全性（safety）""健康性（health）""便利性（convenience）"和"舒适性（amenity）"四个方面建立相应的评价指标体系，并进行实证研究。例如王茜茜[51]针对银川市的住区特点，从出行便利性、生活方便性、居住舒适性、环境健康性和居住安全性五个角度建立评价体系，并展开主观问卷调查，运用数理统计方法开展宜居性评价。舒平[52]以天津市 15 个典型既有建筑为研究对象，从安全性、健康性、舒适性和可持续性四个层面对公共环境质量进行评价，并通过 SPSS 相关性分析、回归分析、因子分析等进行相关性挖掘。巨继龙[53]从设施完善度、出行便捷度、居住安全度、环境健康度、景观优美度和居民归属感六类指标出发，对兰州市城市宜居性进行评价。Skalicky V[54]等从环保性、归属感、安全性、舒适性和文化性等方面建立了比较全面的综合评价方法。Ge.J.[55]等将地理信息系统 GIS 和主观评价结合，从便利性、舒适性、健康性、安全性和社区性五个方面建立了评价体系。

认可度高的评价体系 表 1-2

过程	新建建筑或既有建筑			
体系	LEED-ND	BREEAM Communities	中国绿色低碳住区技术评估手册	CASBEE-UD
指标分类	精明选址及连通性；社区规划与设计；绿色基础设施与建筑；创新设计和区域优先	治理、社会和经济福利、资源和能源、土地利用和生态、运输和移动	住区规划与住区环境、能源与环境、室内环境质量、住区水环境、材料和资源、运行管理	Q：生态、社会、经济效益；L：交通、建筑和绿地的碳排放
指标数目	12 个必备项，44 个指标	12 个必备项，40 个指标	64 个必备项，368 个指标	Q：29 项；L：3 项
评分方式	指标项得分求和		满足绿色社区的要求根据减碳量划分低碳等级	分别计算 L 值和 Q 值之后，将二者相除（Q/L），得到环境效率
定量碳排放	—	√	√	√
人文关注	—	√	—	√

注："√"表示考虑，"—"表示未考虑。

目前关于既有建筑改造的综合环境评估研究还比较少，多仅从环境品质提升的角度出发，对建筑改造的效果进行主观评价，较少考虑对建筑改造环境负荷（碳排放量）的定量测算，评价指标和改造策略缺乏客观量化的碳排放数据支撑。孟醒[56]采用层次分析法，通过建筑改造后居民对小区文明度、居民生活经济状况、小区综合环境、生活方便性、公共安全系统五个方面的满意度统计，对建筑改造的环境品质提升效果进行了整体评价。秦睿[57]参考 CASBEE 的评分方式，从可持续发展、建筑节能角度对合肥"城中村"的建筑综合环境性能进行评价，并以此为依据，提出相应的改造意见。杨倩楠[58]从土地利用与空间环境、产业与土地经济效益和土地再开发的居民培力三个系统使用层次分析法确定指标权重，并使用 0～10 分打分法对广州可持续住区更新进行评估，综合考虑住区物理环境和社会效益的提升。刘婧婧[17]提出旧城改造综合评价指标群，并利用主成分分析法找出经济效益、环境效益和社会效益三个维度的主成分因子，构建了旧城改造可持续评价体系，利用层次分析法计算权重。吕晓田[59]针对"宜居重庆"背景下的建筑综合改造提出评价体系，分三个方面进行综合评价——建筑性能、建筑环境质量、居住区人文，从技术、心理、精神三个层面构建评价体系，运用评价学方法如层次分析法、Delphi 法进行综合评价。然而，在应对气候变化和生态文明建设的国家战略要求下，应该综合考虑更新改造对环境质量和环境负荷的影响。CASBEE-RENOVATION 是对建筑改造进行综合评价的体系，其通过对建筑改造前后环境质量（室内环境、服务性能、室外环境）和环境负荷（能源、资源与材料、外部环境）两方面分别评估并得到改造前后的差值来表示改造的效率[60]，这个评估思路值得我们借鉴和学习，但是其环境负荷评价指标还是以定性为主，缺乏客观量化的碳排放数据支撑。

1.2.4　研究现状小结与反思

综上所述，目前既有建筑绿色低碳改造研究在优化方法、技术策略等方面的研究已较为成熟，但在改造潜力评估、改造技术优选、环境效益评价等方面存在不足，具体表现如下：

（1）缺少一套针对既有建筑绿色改造的完整流程。针对大规模建筑改造的复杂性与资源约束，难以在有限成本预算下，合理的从"面对大规模改造时筛选改造潜力较大的改造对象优先、分批改造"到"针对具体改造对象时选择适宜性改造措施优先采用"，即全面筛选高潜力改造对象、精准匹配适宜性技术，从而实现有限预算下的节能减排效益最大化，有效指导既有建筑绿色低碳改造实践。

（2）没有充分考虑"既有建筑改造"比"新建建筑设计"面临的限制更多、灵活性更小，较少细分考虑工程实践中预算有限所导致的复杂场景，难以有效的指导具体建筑的改造方案设计，导致优化结果的实践性和落地性不足。

（3）在优化过程中较少从全生命周期角度分析建筑改造技术措施所产生的碳排放，导致不同阶段碳排放之间的权衡被忽视，尤其是建筑设备和可再生能源系统在物化阶段所产生的碳排放。

（4）在环境效益评价方面，目前的建筑综合评价体系研究多关注新建或既有建筑，鲜少对改造过程进行综合评价；现有的改造环境评价体系也多从环境品质提升的角度出发，对改造的效果进行主观评价，较少对改造的环境负荷（碳排放）进行定量测算，评价指标和改造策略缺乏客观量化的碳排放数据支撑。

1.3　研究内容

1.3.1　既有建筑绿色低碳改造潜力评估

基于文献研究和实地调研，梳理总结适用于既有建筑的 15 项绿色改造技术措施；结合文献和标准构建各项技术措施的提升空间评分方法，基于减碳效果、施工难度、经济投入三个维度对绿色改造技术进行权重赋值，提出既有建筑改造潜力评估方法，以对既有建筑进行改造前潜力评估，筛选既有建筑改造优先级。并通过实地测量和问卷调研的方式对案例既有建筑进行改造潜力评价。主要内容为：

（1）筛选适用于既有建筑改造技术措施

结合文献调研和实地考察，从景观绿化、围护结构、暖通空调、照明系统、节水系统、可再生能源 6 个改造层次，筛选总结出既有建筑的改造技术措施。

（2）建立针对夏热冬冷地区既有建筑的绿色低碳改造潜力评估方法

结合相关标准和文献构建了改造措施的提升空间评分方法，并从减碳效果、施工难度和经济投入三个维度，通过权重赋值计算得到了各项改造措施的综合潜力系数，建立了针对夏热冬冷地区既有建筑的绿色改造潜力评估方法。

（3）开展既有建筑绿色低碳改造潜力案例评估

通过实地测量、问卷调研的方式收集建成时间为 20～50 年建筑的相关数据，从减碳系数、难度系数和成本系数三个方面对既有建筑改造潜力开展案例试评，建立某城区既有建筑改造潜力分级清单。

1.3.2　既有建筑绿色低碳改造技术优选

结合筛选出的改造潜力较大的建筑案例，通过实地测量选择适宜的改造技术措施，确定改造参数范围，并通过文献、厂家调研和专家咨询建立各项改造措施的初始投资成本和碳排放因子数据集；基于 Grasshopper 平台建立建筑性能模拟模型以创建案例数据集，基于 Python 语言建立以神经网络为预测模型的、遗传算法为优化算法的、综合考虑碳中和目标、运行能耗和经济性的既有建筑绿色改造多目标优化模型。主要内容为：

（1）建立建筑性能模拟模型，并梳理改造措施的初始投资成本和碳排放因子数据集

通过调研实测的方式收集了现状建筑信息，确定改造前现状建筑各个改造层次可实施的潜在改造措施及其优化变量取值范围，建立了建筑性能模拟模型；通过文献和厂家调研、参考实际改造工程预算文件的方式，梳理改造措施的初始投资成本和碳排放因子数据集。

（2）训练、调试和验证神经网络模型

基于 Python 语言建立了神经网络模型，通过建筑性能模拟创建训练案例集，对神经网络模型进行训练、调试和验证，预测目标函数值包括建筑本体能耗、光伏发电量和光热环境达标比例。

（3）建立以碳中和为目标的既有建筑绿色改造多目标优化模型

选择 NSGA Ⅱ 遗传算法作为多目标优化算法，综合考虑碳中和目标、运行能耗

和经济性，通过文献研究确定了优化算法参数，基于 deap 进化算法框架建立多目标优化模型。

1.3.3 既有建筑绿色低碳改造环境效益评价

通过文献、实地调研，梳理既有建筑改造环境品质提升评价指标；基于层次分析法，建立既有建筑改造环境品质提升评价体系；综合考虑环境负荷和环境品质，建立既有建筑改造的综合环境评价体系。主要内容为：

（1）梳理既有建筑改造环境品质提升评价指标

收集与整理国内外的相关文献，现场调研实际改造工程，从安全、健康、舒适、便利和归属五个方面提取主客观评价指标，建立指标体系框架。

（2）建立既有建筑改造环境品质提升评价体系

基于层次分析法进行专家问卷调查，确定指标权重；通过实地调研分析，结合已有的文献和规范，确定指标评价细则，建立既有建筑改造环境品质提升评价方法。

（3）建立既有建筑改造综合环境评价体系

根据建筑改造碳排放影响核算模型和改造环境品质评价方法，基于文献调研，将全生命周期碳减排和环境品质提升两个目标进行耦合，建立基于全生命周期碳减排的既有建筑改造综合环境评价体系。

1.3.4 实证研究

基于以上研究内容，选取了浙江省内既有建筑进行实证研究，并提出既有建筑绿色低碳改造适宜性技术清单。主要内容为：

（1）既有学校建筑绿色低碳改造实证研究

选择位于浙江省杭州市上城区的某学校教学楼 A 为改造案例。该建筑竣工于 1993 年，总用地面积 $2803.52m^2$，总建筑面积 $3417m^2$（无地下部分），整体朝向为南偏西 $10°$，平面为 U 形。该教学楼建筑层高共 5 层，局部 3～4 层，主要建筑功能包括教室（普通教室、美术教室、计算机教室、舞蹈教室）、办公室和室内击剑馆等。

结合工程实际划分不同的改造情景，综合考虑建筑本体能耗、初始投资成本、光热环境达标等约束条件，对改造技术措施从节能率、经济性等方面展开评价。针对学校建筑改造案例，基于不同改造情景的优化结果，分别提出了不考虑光伏铺设和考虑光伏铺设两种改造场景下的设计策略。由此，提炼既有学校建筑绿色低碳改造适宜性技术清单。

（2）既有住区绿色低碳改造实证研究

选取位于绍兴市的港越北区和位于杭州市的和睦新村、塘河南村开展实证分析，这些小区都建于 20 世纪 80、90 年代，建筑层数多为 5～7 层。由于房屋建筑老化、功能设施匮乏等问题，均已实施了相应的改造工程。

基于以上案例，根据已建立的既有住区改造综合环境评价体系，开展实地调研和问卷收集，分析既有住区改造的全生命周期碳减排量和环境品质提升效果，进行住区改造综合环境评价，提炼既有住区绿色低碳改造适宜性技术清单。

1.4 研究特色与创新

1.4.1 全链条式改造优化流程

建立从"改造潜力评估 - 改造适宜性评级 - 精准性能模拟 - 适宜性技术体系"的全链条式改造优化流程。在有限成本预算下，实现从"面对大规模改造时筛选改造潜力较大的对象优先、分批改造"到"针对具体改造对象时选择适宜性改造措施优先采用"，以确保在不超预算的情况下，最大化节能减排效益。

1.4.2 智能算法驱动的多目标优化模型

在优化方法上，面对既有建筑可改变灵活性小、限制多的特点，建立较为精准的、基于物理模型的建筑性能模拟模型，并采用神经网络（Artificial Neural Network，ANN）模型代替建筑性能模拟进行优化函数值的预测以减少模拟时间，最后结合优化算法建立多目标优化模型，使优化结果具有更强的落地性。

1.4.3 预算分级导向的改造策略库

在优化过程中，构建综合考虑改造技术措施全生命周期碳排放、运行能耗和经济性的夏热冬冷地区既有建筑绿色改造多目标优化模型，对不同类型改造技术措施的全生命周期碳排放进行权衡，提炼不同预算限制的改造场景下的夏热冬冷地区既有建筑绿色改造技术策略。

1.4.4 全生命周期视角下的综合评价体系

基于生命周期理论，从物化阶段、使用阶段和拆除阶段三个方面来核算既有建筑改造的碳排放影响，涵盖景观绿化、建筑单体、水资源、固体废弃物和基础配套五个方面，并提出减碳效率、碳排放强度和碳回收时间三个评价指标，建立既有建筑改造的碳排放影响的核算方法。并结合既有建筑改造措施清单和人居环境评价，从安全性、健康性、舒适性、便利性和归属感五个方面评价环境质量，建立建筑改造的环境品质提升评价体系。最后，综合考虑全生命周期碳排放影响和居住品质提升度，建立既有建筑改造综合环境评价体系。

第 2 章

既有建筑绿色低碳改造潜力评估

针对大规模建筑改造的复杂性与资源约束，建立前置的建筑改造潜力评估方法，即对既有建筑存量的改造潜力进行科学评分和快速筛选，根据改造潜力评分划分改造优先级，对改造潜力较大的建筑群体进行优先改造。其核心内容在于，通过动态筛选高潜力改造对象，实现有限预算下的节能减排和环境提升效益最大化。这一流程不仅为政府与企业的改造优先级决策提供科学依据，更推动建筑改造从"经验驱动"向"数据驱动"转型。

2.1 绿色低碳改造潜力评估方法

2.1.1 绿色低碳改造潜力评估框架

（1）适宜性绿色改造技术措施筛选

首先开展既有建筑常用绿色改造技术措施筛选。从 Scopus、Web of Science 和中国知网等文献检索平台梳理总结了近 20 年间研究既有建筑绿色改造的 124 篇文献，其中 4.8% 为综述类文章，95.2% 为原创研究，88.7% 的文章结合具体案例或筛选典型建筑进行了改造技术措施的模拟或实测研究。文献所研究的改造对象中，23.4% 为居住建筑，36.3% 为中小学建筑，1.6% 为幼儿园建筑，8.9% 为高校建筑，其余 29.8% 为办公、医院等其他公共建筑。梳理文献中具有节能减排效益的绿色改造技术共 28 项，各改造技术措施的研究频率如图 2-1 所示。

其中，采用相变材料、光伏集成响应装置、智能插座、生物质能、风机发电系统等 6 项改造措施使用频率较低，暂不予考虑，共得到 22 项潜在的改造技术措施，按照使用频率进行排序，如表 2-1 所示。

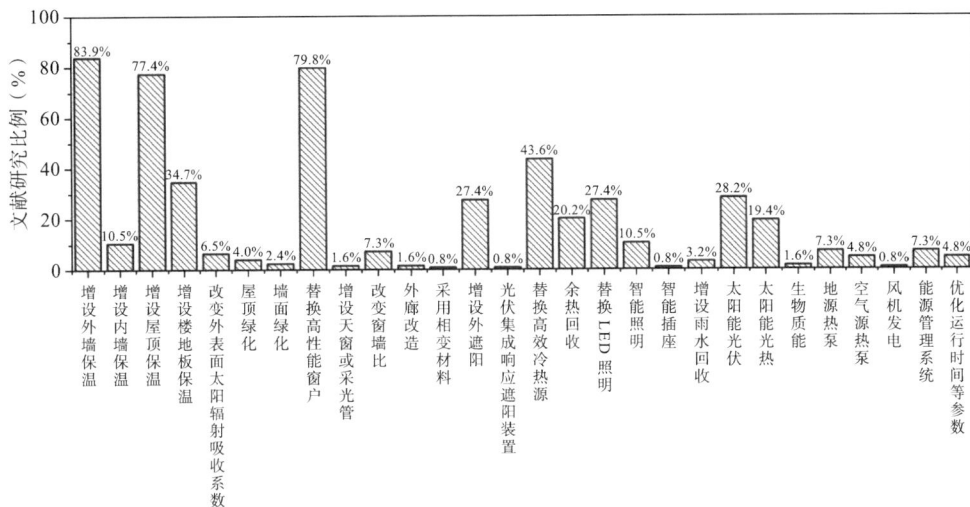

图 2-1　既有建筑绿色改造技术研究频率

文献研究中的 22 项潜在改造技术措施　　　　　　　　表 2-1

编号	改造技术措施名称	使用频率
1	增设外墙保温	83.87%
2	替换高性能窗户	79.84%
3	增设屋顶保温	77.42%
4	替换高效冷热源	43.55%
5	增设楼地板保温	34.68%
6	太阳能光伏	28.23%
7	替换 LED 照明	27.42%
8	增设外遮阳	27.42%
9	余热回收	20.16%
10	太阳能光热	19.35%
11	增设内墙保温	10.48%
12	智能照明	10.48%
13	改变窗墙比	7.26%
14	地源热泵系统	7.26%
15	能源管理系统	7.26%
16	改变外表面太阳辐射吸收系数	6.45%
17	空气源热泵系统	4.84%
18	优化运行时间	4.84%
19	屋顶绿化	4.03%
20	增设雨水回收	3.23%
21	外墙绿化	2.42%
22	增设天窗或导光管	1.61%

其次，根据标准调研相应建筑绿色技术应用现状。以实地考察和问卷调研的形式进行统计分析研目的在于通过实地考察和问卷调研得到现状绿色技术实施的可行性，通过访谈等形式调查绿色改造技术措施的实施意愿，进一步筛选改造技术措施。

问卷主要分为两个部分，第一部分为建筑基本信息，第二部分为建筑绿色技术应用情况。如表2-2所示，参照相关标准[61]设置景观绿化、围护结构、暖通空调、照明系统、节水系统、可再生能源、能源管理系统六个层次，并对标准中推荐的21项绿色技术措施进行使用状况调研。

标准推荐的 21 项改造技术措施　　　　　表 2-2

改造层次	编号	改造技术措施名称
景观绿化	M1	场地复层绿化
	M2	屋顶绿化
	M3	墙面绿化
	M4	透水铺装
围护结构	M5	墙体外保温
	M6	屋顶外保温
	M7	节能窗
	M8	外遮阳措施
暖通空调	M9	三级以上空调设备
	M10	余热回收设备
照明系统	M11	主要功能区域 LED 照明
	M12	公共区域 LED 照明
	M13	照明分区分组控制或自动控制
节水系统	M14	节水器具
	M15	节水灌溉
	M16	非传统水源利用
可再生能源	M17	太阳能
	M18	地热能
	M19	空气能
能源管理	M20	用能计量装置
	M21	用水计量装置

最后，结合文献调研和实地考察结果，以在既有建筑改造相关文献中研究频率高、既有国家标准中有明确相关技术指标、实际工程案例中已实施或具有实施条件三点为筛选标准，综合考虑当地的地域特征、建筑改造工程特点以及后续经济性和碳排放数据研究的便利性，筛选出具有节能减排效果的改造措施，划分为景观绿化、

围护结构、暖通空调、照明系统、节水系统和可再生能源六个改造层次。

（2）既有建筑绿色改造潜力评价流程

基于改造技术筛选结果，对相应建筑群体进行改造潜力评价，该评价方法用于面对区域性尺度下的较大规模建筑改造工作时的初步筛选，以在资金有限的情况下，选择改造潜力较大的建筑进行分批改造。

考虑到不同改造技术之间的差异较大，设置减碳效果、施工难度、经济投入三个评价维度，三个维度参考了文献 [62] 对建筑减碳技术进行评价的指标选择，并结合建筑改造的特点进行设置。

减碳效果指不同改造措施在运行阶段的碳减排效果，由于不同改造措施所能够贡献的减碳量不同，通过减碳效果的权重设置，可以避免一些改造措施提升幅度较大、减碳效益较低的情况，减碳效果以减碳系数 C 表示，与改造潜力呈正相关。施工难度指不同改造措施现场施工的困难程度以及工艺的成熟度，以难度系数 D 表示，与改造潜力呈正相关。经济投入指改造技术措施在实施过程中所产生材料、设备和人工费，由于不同改造技术措施的实施成本不同，会限制较为昂贵的改造技术的推广应用，经济投入以成本系数 B 表示，与改造潜力呈正相关。

针对每个评价维度的特点分别构建评价方法，对每个绿色改造技术措施进行评价获得对应的评价系数，通过对比三个评价维度的重要性程度设置权重，加权得到既有建筑绿色改造技术措施的综合潜力系数 P，用于对所有改造措施可提升空间得分进行赋权，最终得到既有建筑绿色改造潜力得分。整体评估流程如图 2-2 所示。

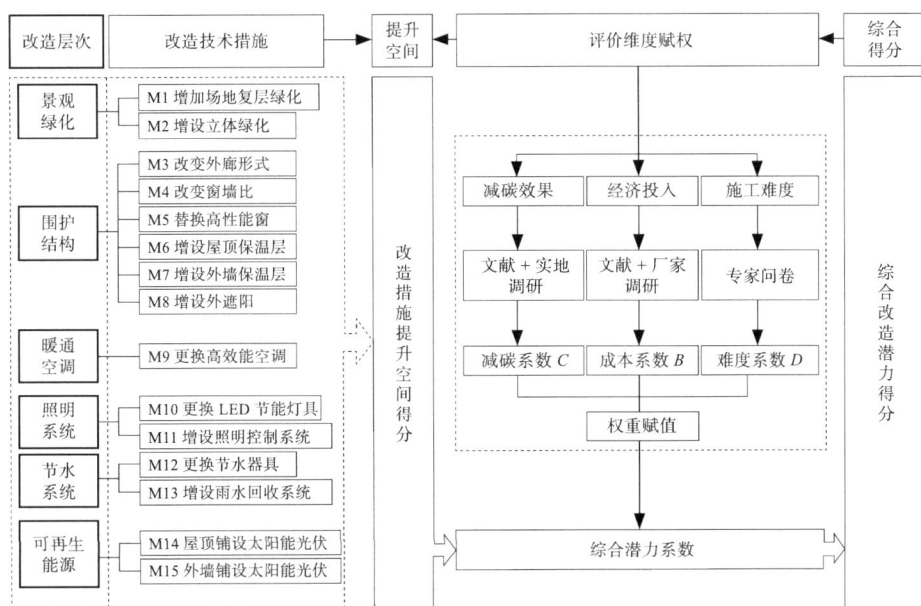

图 2-2　既有学校建筑绿色改造潜力评估流程图

2.1.2 改造技术措施参数的提升空间评分

绿色改造潜力通过相应改造措施参数的可提升空间量化计算，改造措施参数的可提升空间指既有建筑现状不同改造措施参数的可提升幅度，通过文献调研的方式筛选出改造潜力提升空间评分表，如表 2-3 所示。提升幅度的评分等级划分参考国家标准中对于建筑性能提升幅度的得分分配。总分统一设置为 5 分，以提升幅度分段设置分值，可提升幅度越高，分值越大。

改造潜力提升空间评分表（来源：作者依据标准[63-67] 整理） 表 2-3

改造层次	改造技术措施	提升空间计算方法	分值计算	
			可提升幅度	得分
L1 景观绿化	M1 增加场地绿化	可增加场地绿地面积 / 场地面积	5% 以下	1
			5% ~ 10%	2
			10% ~ 25%	3
			25% ~ 30%	4
			30% 以上	5
	M2 增设立体绿化	可增加立体绿化面积 / 场地面积	5% 以下	1
			5% ~ 10%	2
			10% ~ 25%	3
			25% ~ 30%	4
			30% 以上	5
L2 围护结构	M3 改变外廊形式	可改变外廊面积 / 既有外廊面积	50% 以下	1
			50% ~ 75%	3
			75% ~ 100%	5
	M4 改变窗墙比	可增加窗墙比 / 既有窗墙比	10% 以下	1
			10% ~ 30%	2
			30% ~ 50%	3
			50% ~ 70%	4
			70% 以上	5
	M5 更换高性能窗	窗户 U 值相对于规范 U 值限值的可增加幅度	10% 以下	1
			10% ~ 35%	2
			35% ~ 45%	3
			45% ~ 50%	4
			50% 以上	5
	M6 增设屋面保温层	屋面 U 值相对于规范 U 值限值的可提升幅度	10% 以下	1
			10% ~ 35%	2
			35% ~ 45%	3
			45% ~ 50%	4
			50% 以上	5
	M7 增设外墙保温层	外墙 U 值相对于规范 U 值限值的可提升幅度	10% 以下	1
			10% ~ 35%	2
			35% ~ 45%	3
			45% ~ 50%	4
			50% 以上	5

续表

改造层次	改造技术措施	提升空间计算方法	分值计算	
			可提升幅度	得分
L2 围护结构	M8 增设外遮阳	可设置遮阳的窗户面积	10% 以下	1
			10% ~ 30%	2
			30% ~ 50%	3
			50% ~ 75%	4
			75% 以上	5
L3 暖通空调	M9 更换高效能空调	3 级能效以下空调比例	50% 以下	1
			50% ~ 75%	3
			75% ~ 100%	5
L4 照明系统	M10 更换 LED 节能灯具	现状 LPD 值相对于规范限值的可提升幅度	5% 以下	1
			5% ~ 10%	2
			10% ~ 30%	3
			30% ~ 50%	4
			50% 以上	5
	M11 增设照明控制系统	照明控制系统可设置比例	50% 以下	1
			50% ~ 75%	3
			75% ~ 100%	5
L5 节水系统	C12 更换节水器具	2 级水效以下节水器具比例	50% 以下	1
			50% ~ 75%	3
			75% ~ 100%	5
	M13 增设雨水回收系统	可汇水面积（包括屋顶）/ 场地面积	10% 以下	1
			10% ~ 20%	2
			20% ~ 30%	3
			30% ~ 40%	4
			40% 以上	5
B6 可再生能源	M14 屋顶铺设太阳能光伏	屋顶表面可铺设面积 / 建筑面积	10% 以下	1
			10% ~ 30%	2
			30% ~ 50%	3
			50% ~ 60%	4
			60% 以上	5
	M15 外墙铺设太阳能光伏	外墙表面可铺设面积 / 建筑面积	10% 以下	1
			10% ~ 30%	2
			30% ~ 50%	3
			50% ~ 60%	4
			60% 以上	5

2.1.3　绿色低碳改造潜力评价系数

（1）减碳系数

减碳系数指改造技术在夏热冬冷地区特定类型建筑改造过程中的平均减碳能力。获取方式为：统计文献中建筑改造案例的计算结果，优先选择相应类型的建筑为研究对象的文献案例，同时参考相似气候区内的其他公共建筑案例，并对同类型其他建筑改造设计研究中的案例计算结果加以对比和验证。以单项技术措施相比于改造前基准建筑的节能率为衡量参数，获得各项改造措施节能减碳率的理论值范围，取范围的中值作为该项改造措施的减碳率，并通过归一化处理获得减碳系数 C。

以学校建筑为例，参考夏热冬冷地区的中小学教学建筑研究获得减碳系数 C。

在景观绿化改造层次，M1 增加场地绿化面积仅考虑其所带来的固碳效果，参考毛艳辉[68]的计算数据，折算场地绿化的减碳率为 4%~8.4%。M2 增设立体绿化所带来的减碳效果包括通过屋顶绿化、墙面绿化产生的固碳效果、改善围护结构热工性能产生的节能量所带来的直接减碳和调节建筑周边微气候环境所带来的间接减碳，参考黄玲玲[69]（长沙，屋顶绿化 13.3%）、Xing Q 等[70]（湘潭，立体绿化 21.3%）、Li Z[71]（宁波，立体绿化 5.4%）、陈康康[72]（上海，屋顶绿化 13.67%）的建筑案例计算结果，将增设立体绿化的减碳率设置为 5.4%~21.3%。

在围护结构改造层次，M3 改变外廊形式参考李虎[73]对合肥地区教学楼的能耗模拟结果，通过封闭南向或北向外走廊可以达到 11.4%~14.3% 的减碳率。M4 改变窗墙比对建筑的供暖、制冷和照明能耗均会产生一定影响，参考奚曦[74]（南通，1.4%~4.4%）、徐燊[75]（武汉，1.2%）、马冉[76]（宜昌，4.5%~8.7%）的研究结果，取 M4 的减碳率为 1.2%~8.7%。M5 更换高性能窗、M6 增设屋面保温层和 M7 增设外墙保温层在现有改造相关研究中常组合采用，根据程云[77]、马聪[62]、黄玲玲[70]、钱琰[78]等对夏热冬冷地区学校改造案例的研究成果，取 M5 减碳率为 1.54%~13.3%，M6 减碳率为 4.5%~25%，M7 减碳率为 4.6%~30%。M8 增设外遮阳措施可以减少室内的太阳辐射得热量，从而减少制冷能耗。本研究只考虑固定外遮阳，参考钟天兰[79]（成都，0.82%~1.52%）、丁云[80]（湖北，1.04%~4.34%）、Heracleous C 等[34]（塞浦路斯，1.8%~2.5%）、钱琰[78]（徐州，0.7%~5.4%），取固定外遮阳减碳率为 0.82%~5.4%。

在暖通空调改造层次，M9 更换高效能空调参考 Tahsildoost M 等[81]（伊朗，21.3%~34.2%）、Katafygiotou M C 等[82]（塞浦路斯，23.5%）、Salvalai G 等[83]（意大利，28%~49%）等的研究结果，取更换高效能空调的减碳率为 21%~49%。

在照明系统改造层次，M10 更换 LED 节能灯具参考周霜等[84]（四川，照明能耗的 50.7%）、张文宇[85]（上海，12.9%）、Hu M[86]（马里兰州，16%）等的研究结果，根据潘洲[8]对上海中小学校的分项能耗数据，照明能耗的占比约为 15%~30%，可以折算得到更换 LED 节能灯具的减碳率为 7.6%~16%。M11 照明控制系统通过照度感应器、红外线感应器等设备对照明灯具进行智能控制，实现自动调节灯具亮度或开闭状态，节约照明能耗。根据李禹成[87]（成都，照明能耗的 66.7%）、黄宏梅[88]（苏州，照明能耗的 56%）的研究，在公共建筑内采用照明控制技术可以节约 56%~66.7% 的照明能耗。可以折算得到照明控制系统的节能率约为 8.4%~20%。

在节水系统改造层次，参考叶宏亮[89]、马聪[62]的研究成果，取 M12 更换节水器具的减碳率为 1.74% ~ 3.57%，M13 增设雨水回收系统的减碳率为 0.81% ~ 1.36%。

在可再生能源利用改造层次，M14 屋顶铺设光伏板参考 Katafygiotou M C 等[82]（塞浦路斯，10.6%）、Asdrubali F 等[36]（意大利，55% ~ 74%）、孙文博[90]（合肥，12.4%）等的研究结果，取外墙铺设光伏板的减碳率 10.6% ~ 74%。M15 墙面铺设光伏板根据 Siwei Lou S[91]、王崇杰[92] 的研究，通过外墙铺设光伏板，节能量可以达到 37.1% ~ 97.5%。

综上所述，最终整理得出 15 项改造技术措施在夏热冬冷地区的学校建筑实施所可以达到的减碳率范围，取各项改造措施节能率的中值并进行归一化处理，使所有的减碳系数总和为 1，得到相应的减碳系数 C，减碳率和减碳系数计算结果如图 2-3 所示。

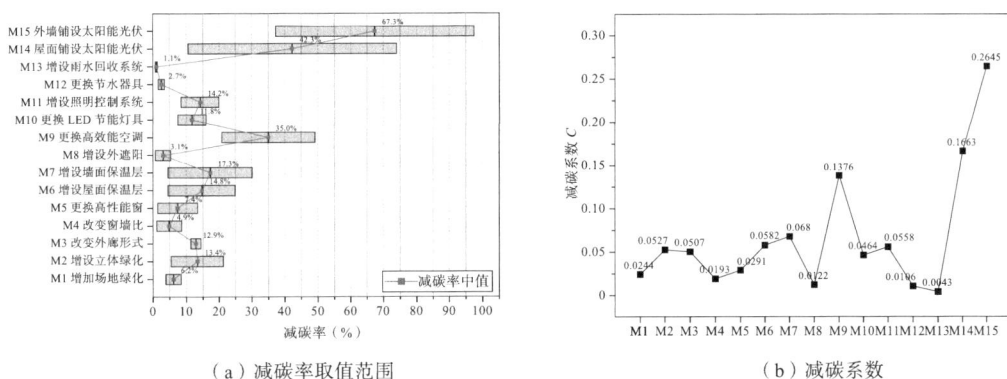

（a）减碳率取值范围　　　　　　　　　（b）减碳系数

图 2-3　减碳率和减碳系数计算结果

（2）难度系数

难度系数指改造技术在既有建筑中的实施难度，反映了各项措施在施工难度维度的改造潜力大小。采用专家赋权和层次分析法（the Analytic Hierarchy Process，AHP）计算，层次分析法是一种应用广泛的多准则决策方法，由美国学者 T. L. Saaty 于 20 世纪 70 年代提出[93]。基于成对比较，以结构化的方式确定准则的权重和备选方案的优先级。层次分析法将复杂问题分解为若干层次，每一层次包含若干要素，并以上一层次的要素为准则，对下一层次各要素进行两两比较，通过判断和计算来得出各要素的权重。判断尺度一般可划分为 9 个等级标度，即：极端不重要 1/9、十分不重要 1/7、比较不重要 1/5、稍微不重要 1/3、同等重要 1/1、稍微重要 3/1、比较重要 5/1、十分重要 7/1、极端重要 9/1[94]。通过问卷调研的方式请专家学者根据专业知识和工程经验进行评价赋权，首先对六个改造层次进行两两比较，判断各个改造层次之间的相对难度关系，之后对各个改造层次的具体改造技术措施进行两两比较，最终通过各层次的权重相乘得到各项改造措施的最终权重，即各项改

造措施的难度系数 D。

以学校建筑为例，本书调研共获取 32 份问卷，调研对象包括建筑设计、施工、管理等一线从业者共 16 人，建筑领域研究专家学者共 9 人，从事中小学基建部门的维护、运营和决策工作共 7 人。将获得的数据进行处理，获得各个改造层次和改造措施的权重，即难度系数 D，D 值和各项改造措施的施工难度呈负相关，它反映了各项措施的在施工难度维度的改造潜力大小，即 D 值越大，改造潜力越大。

综上所述，最终整理得出 6 个改造层次和 15 项改造措施在学校建筑实施（图 2-4）的难度系数计算结果，并汇总于表 2-4。六个改造层次中，施工难度最大的是围护结构和可再生能源，其次为景观绿化、节水系统和暖通空调，施工难度最小的是照明系统的改造。15 项改造技术措施的施工难度从大到小依次为 M3 改变外廊形式、M4 改变窗墙比、M7 增设外墙保温层、M8 增设外遮阳、M6 增设屋顶保温层、M5 更换高性能窗、M15 外墙铺设太阳能光、M13 增设雨水回收系统、M14 屋面铺设太阳能光伏、M2 增设立体绿化、M11 增设照明控制系统、M1 增设场地绿化、M12 更换节水器具、M9 更换高效能空调、M10 更换 LED 节能灯具。

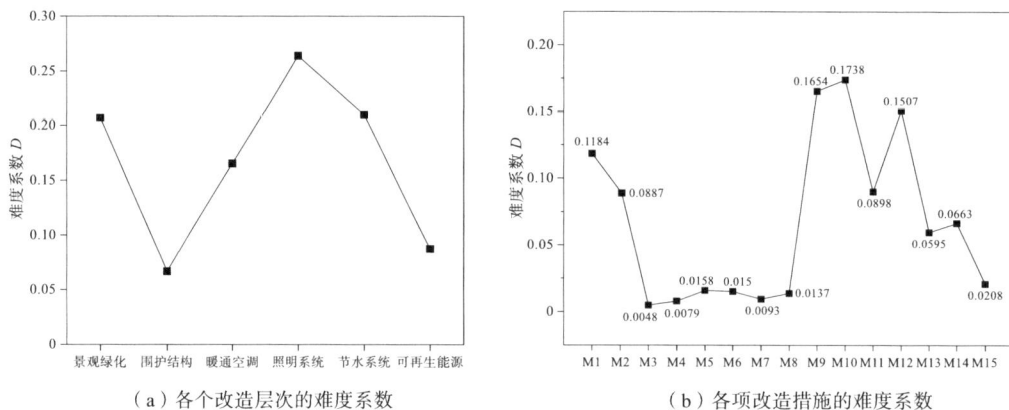

（a）各个改造层次的难度系数　　（b）各项改造措施的难度系数

图 2-4　难度系数计算结果

15 项改造措施的难度系数计算结果　　表 2-4

改造层次	改造措施	难度系数 D
L1 景观绿化（0.2071）	M1 增加场地绿化（0.5716）	0.1184
	M2 增设立体绿化（0.4284）	0.0887
L2 围护结构（0.0666）	M3 改变外廊形式（0.0727）	0.0048
	M4 改变窗墙比（0.1193）	0.0079
	M5 更换高性能窗户（0.2378）	0.0158
	M6 增设屋面保温层（0.2245）	0.015
	M7 增设外墙保温层（0.14）	0.0093

续表

改造层次	改造措施	难度系数 D
L2 围护结构（0.0666）	M8 增设外遮阳（0.2057）	0.0137
L3 暖通空调（0.1654）	M9 更换高效能空调（0.1654）	0.1654
L4 照明系统（0.2636）	M10 更换 LED 节能灯具（0.6592）	0.1738
	M11 增设照明控制系统（0.3408）	0.0898
L5 节水系统（0.2102）	M12 更换节水器具（0.7167）	0.1507
	M13 增设雨水回收系统（0.2833）	0.0595
L6 可再生能源（0.0871）	M14 屋面铺设太阳能光伏（0.7610）	0.0663
	M15 外墙铺设太阳能光伏（0.2390）	0.0208

可以看出，专家普遍认为围护结构相关的改造施工难度较大，其次为雨水回用系统和太阳能光伏系统，照明系统的改造难度最低，由于现状学校教室大部分采用分体式空调，故更换高效能空调的施工难度相对较低。

（3）成本系数

成本系数指改造过程中各项技术措施的经济投入。研究参考文献中改造案例的各项技术措施成本投入，并和当地实际改造案例的工程预算数据进行对比验证，获得各项改造措施的成本数据，统一采用单位建筑面积的成本进行比较，最后进行归一化处理得到各项改造措施的成本系数 B。成本系数 B 与各项改造措施的改造成本呈负相关，它反映了各项措施的在经济投入维度的改造潜力大小，即成本系数 B 越大，改造潜力越大。

以学校建筑为例，与杭州实际改造案例的工程预算数据进行对比验证，获得 15 项改造措施的成本系数计算结果（表 2-5）。

15 项改造措施成本系数计算结果　　　　表 2-5

改造层次	改造措施	单位	单位应用面积成本（元 / 单位）	单位建筑面积成本（元 /m²）	成本系数 B
L1 景观绿化	M1 增加场地绿化	m²	413 ~ 744	22 ~ 40	0.0721
	M2 增设立体绿化	m²	265 ~ 485	74 ~ 160	0.0191
L2 围护结构	M3 改变外廊形式	m²	780 ~ 1500	278 ~ 536	0.0055
	M4 改变窗墙比	m²	127 ~ 381	8.8 ~ 26.5	0.1266
	M5 更换高性能窗户	m²	610 ~ 650	161 ~ 172	0.0134
	M6 增设屋面保温	m²	161 ~ 248	53 ~ 100	0.0292
	M7 增设外墙保温	m²	158 ~ 280	38 ~ 220	0.0173
	M8 增设外遮阳	m²	85 ~ 98	6.1 ~ 7.2	0.3360
L3 暖通空调	M9 更换高效能空调	套	3500 ~ 9600	108 ~ 162	0.0165
L4 照明系统	M10 更换 LED 节能灯具	套	78 ~ 264	28 ~ 41	0.0648

改造层次	改造措施	单位	单位应用面积成本 （元 / 单位）	单位建筑面积成本 （元 /m²）	成本系数 B
L4 照明系统	M11 增设照明控制系统	套	700 ~ 2800	180 ~ 220	0.0112
L5 节水系统	M12 更换节水器具	套	533 ~ 1112	12.5 ~ 16.2	0.1557
	M13 增设雨水回收系统	m³	6500 ~ 9560	28 ~ 34.4	0.0716
L6 可再生能源	M14 屋面铺设太阳能光伏	m²	480 ~ 1173	46 ~ 64	0.0406
	M15 外墙铺设太阳能光伏	m²	900 ~ 2000	90 ~ 128	0.0205

（4）综合潜力系数

根据减碳系数 C、难度系数 D 和成本系数 B，进行改造潜力最终评价结果。通过问卷调查和 AHP 分析法得到三者的权重值分别为 CW、DW 和 BW，该权重值代表三者对于既有建筑改造潜力的影响程度，通过对减碳系数 C、难度系数 D 和成本系数 B 进行加权得到综合潜力系数 P 值。

$$P=C \times CW+D \times DW+B \times BW$$

将获得的综合潜力系数进行等级划分，P 值大于 0.1 为综合潜力高的改造措施，P 值在 0.05 ~ 0.1 之间为综合潜力中等的改造措施，P 值小于 0.05 为综合潜力较小的改造措施。

以学校建筑为例，减碳系数 C、难度系数 D 和成本系数 B 的最终综合潜力系数计算结果如表 2-6 所示。通过问卷调查法与 AHP 分析法分析三者权重，在参考借鉴相关文献资料的基础上初步拟定评价指标，基于各位学者的研究成果在借鉴其指标设计之后设计管理优化评价指标体系并为其编码。最后得到三者的权重值分别为 0.3、0.5331、0.1669，加权得到综合潜力系数 P 值。

综合潜力系数计算结果　　　　　　　　　　　　　　　表 2-6

改造层次	改造措施	减碳系数 C	难度系数 D	成本系数 B	综合潜力系数 P
L1 景观绿化	M1 增加场地绿化	0.0244	0.1184	0.0721	0.0825
	M2 增设立体绿化	0.0527	0.0887	0.0191	0.0663
L2 围护结构	M3 改变外廊形式	0.0507	0.0048	0.0055	0.0187
	M4 改变窗墙比	0.0193	0.0079	0.1266	0.0311
	M5 更换高性能窗户	0.0291	0.0158	0.0134	0.0194
	M6 增设屋面保温层	0.0582	0.015	0.0292	0.0303
	M7 增设外墙保温层	0.068	0.0093	0.0173	0.0282
	M8 增设外遮阳	0.0122	0.0137	0.3360	0.0670
L3 暖通空调	M9 更换高效能空调	0.1376	0.1654	0.0165	0.1322
L4 照明系统	M10 更换 LED 节能灯具	0.0464	0.1738	0.0648	0.1174

续表

改造层次	改造措施	减碳系数 C	难度系数 D	成本系数 B	综合潜力系数 P
L4 照明系统	M11 增设照明控制系统	0.0558	0.0898	0.0112	0.0665
L5 节水系统	M12 更换节水器具	0.0106	0.1507	0.1557	0.1095
	M13 增设雨水回收系统	0.0043	0.0595	0.0716	0.0450
L6 可再生能源	M14 屋面铺设太阳能光伏	0.1663	0.0663	0.0406	0.0920
	M15 外墙铺设太阳能光伏	0.2645	0.0208	0.0205	0.0939

如图 2-5 所示，将获得的综合潜力系数进行等级划分，得到 15 项改造措施的综合潜力大小。可以看出，更换高效能空调、更换 LED 照明灯具、更换节水器具的综合潜力系数最高，其次为屋面和外墙铺设光伏，而改变外廊形式、改变窗墙比、增设屋顶和外墙保温等围护结构相关的改造技术措施综合潜力系数较低。

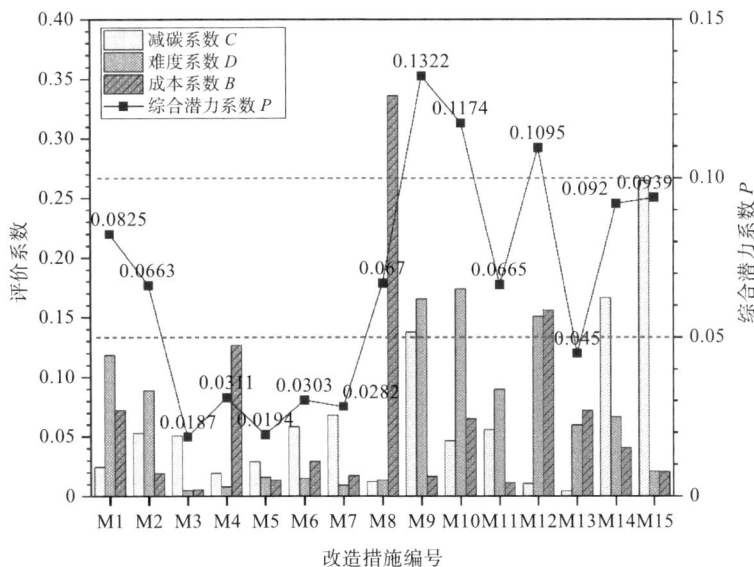

图 2-5　综合潜力系数 P 计算结果

2.2　学校建筑绿色低碳改造潜力案例评估

2.2.1　案例选择

以杭州市为例，选择 12 所既有学校建筑进行绿色改造潜力评价。杭州处于亚热带季风性气候带，属夏热冬冷地区。过去三十年（1991~2020 年）内，杭州市年均气温 17.6℃；夏季平均气温 27.8℃，其中平均每年有 35 天最高温度超 35℃；冬季年平均气温 6.5℃，其中平均每年有 29 天最低温度低于 0℃。案例对象为 7 所小学、5 所中学，通过实地考察和问卷调研的形式进行调研，进一步筛选改造技术措施。12

所既有学校建成时间在20年至50年之间，其中有6所学校在近几年进行过二次装修，更换了部分照明灯具和空调设备，有1所学校在近两年进行了整体改造。调研对象基本信息如表2-7所示，调研学校实景图如图2-6所示。

调研对象基本信息　　　　　　表 2-7

类型	编号	建筑类型	竣工年代	建筑面积（m²）
小学	X1	教学楼	1988 年（2018 年部分改造）	2871
	X2	实验楼	1990 年	612
	X3	教学楼	1993 年	4589
	X4	教学楼	1993 年	3466
	X5	教学楼	1999 年（2018 年部分改造）	6795
	X6	教学楼	2003 年（2018 年部分改造）	6242
	X7	教学楼	1991 年（2022 年整体改造）	4291
中学	Z1	教学楼	1973 年	1924
	Z2	教学楼	1988 年（2012 年部分改造）	5129
	Z3	教学楼	1992 年（2017 年部分改造）	2154
	Z4	综合楼	1999 年	5500
	Z5	图书馆 / 食堂	2003 年	2776

X1

X2

X3

X4

X5

X6

X7

Z1

Z2

Z3

Z4

Z5

图 2-6　调研学校实景图（来源：作者自摄）

调研学校建筑形体参数信息显示（表 2-8），在建筑形体上，既有中小学建筑层高在 2～6 层之间，形体多为 U 形、L 形或一字形，朝向大多按正南北布置，单幢建筑面积在 600～7000m² 之间，单栋建筑使用人数在 300～1200 人之间。在地理位置分布和周边条件上，杭州地区的中小学建筑大多位于建筑密度较大的居住区中，尤其是规模较小的小学建筑，常常划分为多个校区分散布置，以方便居民使用。

调研学校建筑形体参数信息　　　　　　　　　表 2-8

类型	编号	建筑形态	结构	朝向	层数	层高（m）	建筑高度（m）	用地面积（m²）	屋顶面积（m²）	窗墙比	
										南向	北向
小学	X1	一字形	砖混	南偏东 10°	4	3.6	12	1250	710	0.18	0.30
	X2	U 形	砖混	南偏西 5°	2	3.3	6.8	600	450	0.33	0.24
	X3	U 形	框架	正南	4	3.6	15	2918	922	0.32	0.36
	X4	U 形	砖混	南偏西 10°	5	3.45	15.8	2795	832	0.28	0.37
	X5	L 形	框架	正南	4	3.4	15.4	7663	2280	0.34	0.42
	X6	U 形	框架	正南	4	3.6	17.5	2211	995	0.12	0.22
	X7	一字形	砖混	南偏东 30°	4	3.1	14.5	1555	866	0.25	0.36
中学	Z1	一字形	砖混	正南	4	3.6	16.5	938	498	0.33	0.18
	Z2	L 形	框架	正南	5	3.9	18	3384	828	0.26	0.24
	Z3	一字形	框架	南偏东 5°	5	3.6	15.5	996	351	0.25	0.37
	Z4	一字形	框架	正南	6	3.6	21.8	1663	842	0.15	0.25
	Z5	L 形	框架	正南	2	4.2	11.7	3980	1017	0.14	0.31

2.2.2　适宜性绿色改造技术措施分析

（1）绿色改造技术现状调研

在景观绿化上，所有的学校教学楼均采用了良好的绿化措施，62% 的学校教学楼采用了场地复层绿化，54% 采用了墙面立体绿化。在围护结构方面，83% 的调研学校墙体均未设置保温隔热层，剩余学校采用了保温砂浆或屋顶架空通风措施。92% 的学校采用了北向或南向外廊的形式，所有的学校均设置有内遮阳窗帘，只有 3 所学校教学楼建筑西侧采用了遮阳板。在暖通空调方面，所有学校教室均采用了分体空调，部分大型空间采用了多联机空调（VRF）。没有教室采用机械通风或空气净化系统，全部采用开窗的形式进行自然通风。照明系统上，部分学校参与杭州市 2022 年开展的灯具换新运动，对教室灯具进行了更新，而办公室等其他空间未进行更新。节水技术上，1/3 的学校采用了感应式水龙头或小便冲水，其他学校仍为按压控制水量，绿化灌溉上只有 2 所学校采用了滴灌技术，所有学校均未采取雨水回收装置。在可再生能源利用上，没有学校采取可再生能源系统，Z5 在 2023 年完成的整体改造中采用了屋顶光伏系统，其他大部分学校表达了未来安装光伏系统的意愿。既有中小学建筑除食堂外不使用热水，所调研的教学楼均未使用空气源热泵或太阳能热水系统，没有学校安装机械通风系统，且校内管理人员安装机械通风系统的意愿不强。在调研学校建筑中，只有一所学校教学楼采用了用电分区分项计量，部分学校食堂采用了用水计量，除个别小学分校区为单幢建筑可以获取用能数据，很难获取校园建筑群中某幢建筑的用能情况。现状学校绿色技术使用频率如图 2-7 所示。

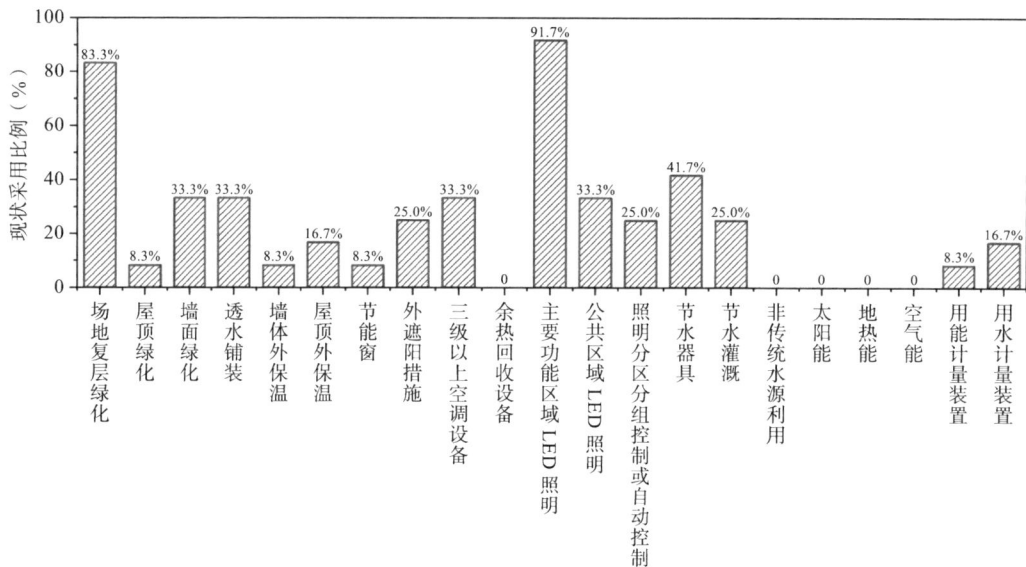

图 2-7　现状学校绿色技术使用频率

（2）现状调研结果

综合考虑夏热冬冷地区的地域特征、学校建筑改造工程特点以及后续经济性和碳排放数据研究的便利性，筛选出 15 项具有节能减排效果的改造措施如表 2-9 所示。其中，M2 立体绿化包括屋面和墙面的绿化；M3 改变外廊形式指封闭原有的开放外廊或相反做法，根据本书 2.2.1 的实地调研结果和相关研究[11, 29, 95]，杭州地区中小学校教学建筑大多采用开放外廊，部分采用封闭外廊，极少采用内走廊形式，为了体现该地区教学建筑特点，将该措施增设为潜在改造措施；M4 改变窗墙比通过扩大或封堵现有门窗实现；M9 更换高效能空调指更换标准规定的三级及以上能效等级的空调；M10 更换 LED 灯具包括主要功能区域和公共区域；M11 照明控制系统主要指通过照度传感器进行分区控制，当教室内工作面照度达到指定要求时关闭人工照明；M12 更换节水器具主要指卫生间内卫生器具达到二级及以上。

15 项具有节能减排效果的改造措施　　　　　　　　　　表 2-9

编号	改造层次	编号	改造技术措施
L1	景观绿化	M1	增加场地复层绿化
		M2	增设立体绿化（屋顶、墙面）
L2	围护结构	M3	改变外廊形式
		M4	改变窗墙比
		M5	更换高性能窗户
		M6	增设屋面保温层
		M7	增设外墙保温层
		M8	增设外遮阳
L3	暖通空调	M9	更换高效能空调
L4	照明系统	M10	更换 LED 节能灯具
		M11	增设照明控制系统
L5	节水系统	M12	更换节水器具
		M13	增设雨水回收系统
L6	可再生能源	M14	屋顶铺设太阳能光伏
		M15	外墙铺设太阳能光伏

2.2.3　案例绿色改造潜力评价结果

通过实地测量、问卷调研的方式统计上述 12 所中小学校建筑的相关数据，进行试评价。共 15 项改造措施，单项改造措施的满分为 5 分，通过综合潜力系数加权，最终满分为 5 分。计算得到 15 项改造措施和 12 幢学校建筑的改造潜力得分汇总于表 2-10。

调研学校建筑改造潜力得分　　　　　　　　　　表 2-10

编号	M1	M2	M3	M4	M5	M6	M7	M8	M9	M10	M11	M12	M13	M14	M15	综合得分
X1	1	3	1	1	2	4	5	2	2	3	3	1	2	2	3	2.25
X2	1	1	1	3	3	3	5	4	1	3	3	5	2	3	4	2.62
X3	1	4	3	1	3	4	3	3	1	1	3	5	1	2	4	2.50
X4	1	3	1	3	4	5	4	4	5	4	5	1	2	4	4	3.67
X5	1	1	1	1	3	4	4	2	3	2	1	3	3	2	3	2.25
X6	1	1	5	2	3	2	4	2	3	1	3	5	2	1	3	2.40
X7	3	3	3	1	1	1	1	1	1	1	1	1	2	2	3	1.66
Z1	1	3	5	3	3	4	4	2	5	5	3	3	3	2	1	3.09
Z2	1	1	5	2	3	2	3	2	3	2	1	3	1	3	3	2.03
Z3	1	2	1	3	3	4	4	4	3	1	3	3	1	3	4	2.35
Z4	2	2	4	2	5	3	4	2	4	1	1	3	4	2	4	2.43
Z5	2	3	1	2	4	4	3	4	5	2	3	3	4	2	4	3.16

比较 15 项改造措施的提升空间平均得分和改造潜力得分平均值（图 2-8），从提升空间得分来看，景观绿化中场地绿化得分普遍较低，原因在于该地区中小学建筑大多已采取了良好的场地绿化措施；围护结构中改变窗墙比的潜力不大，因为现状教室可开窗墙面已采用了较大比例，外墙、屋顶和外窗的提升空间较大，因为大多数学校都没有采取保温隔热措施，且普遍采用单层玻璃塑钢窗。其他提升空间较大的措施包括更换高效能空调、更换节水器具和外墙铺设光伏，有一半学校在近两年更换了主要教学空间教室的灯具，因此该项措施提升空间有所下降。在经过加权后，可以看到围护结构相关的改造潜力明显下降，而更换高效能空调、更换节水器具、外墙铺设光伏、更换 LED 节能灯具成为改造潜力最大的四项改造措施，若剔除掉近年经过设备更新的建筑，更换空调系统和 LED 灯具的改造潜力将会更大。

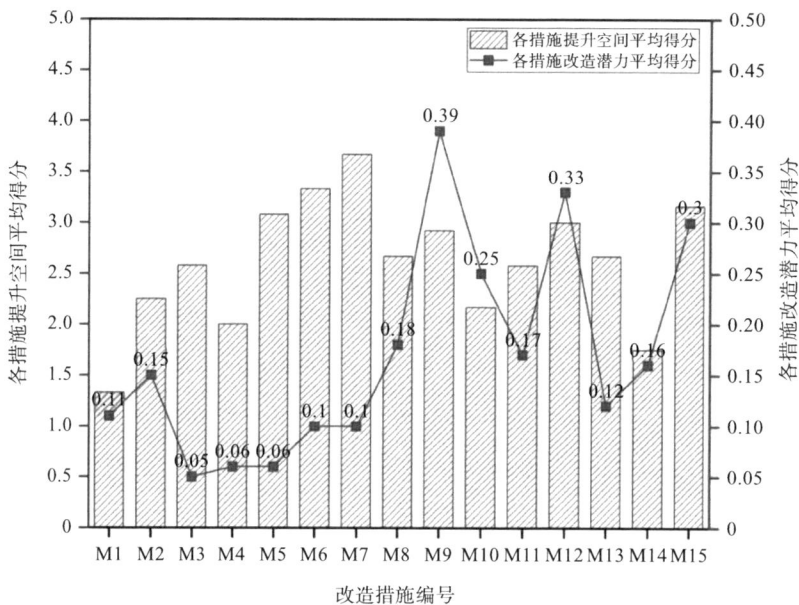

图 2-8　改造措施提升空间和改造潜力得分

比较所调研学校改造潜力评分结果（图 2-9）。将综合改造潜力划分为三个层次：0 ~ 1.5 分为综合改造潜力较低，1.5 ~ 3.5 分为综合改造潜力中等，3.5 ~ 5 分为综合改造潜力较高。大多数建成年代久远的中小学建筑明显具有较大的综合改造潜力，综合改造潜力得分在 3 分以上的学校有三所，分别为 X4、Z1 和 Z5，其中 X4 综合改造潜力最大，该建筑于 2022 年弃置，建筑设备陈旧，导致综合改造潜力很大。而 X1、X5、X6、X7、Z2、Z3 等学校由于在近两年进行了节能改造，其综合改造潜力较低。此外，Z5 虽然建造年代较近，但由于建筑功能、设备类型和场地面积等的差别，综合改造潜力较大。

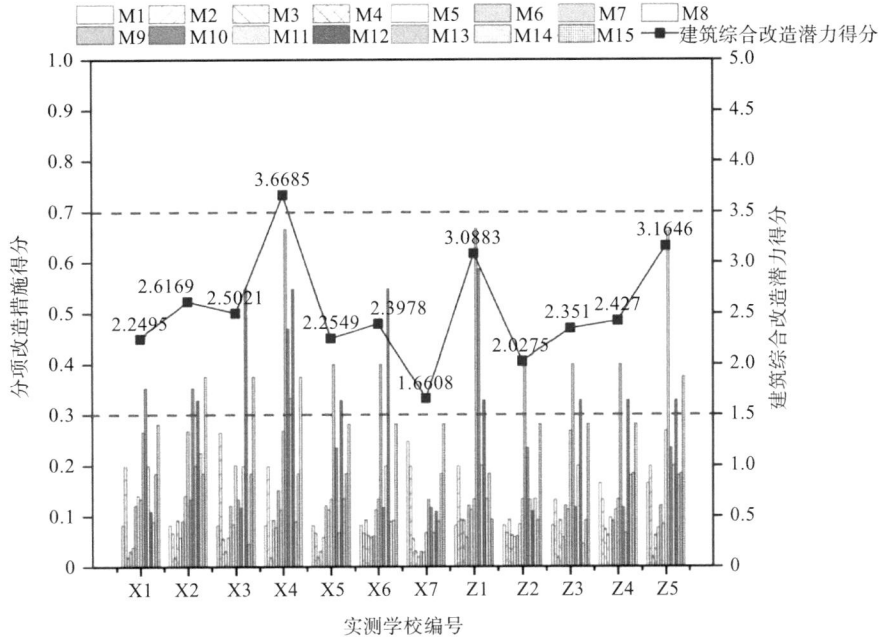

图 2-9　12 所调研学校改造潜力评分结果

第 **3** 章

既有建筑绿色低碳改造技术优选方法

3.1 既有建筑改造目标

积极应对气候变化已成为全球共识，建筑行业作为碳减排关键领域，其低碳转型具有重要意义。联合国环境规划署（UNEP）和全球建筑建设联盟（GlobalABC）发布的报告显示，2022 年全球建筑行业贡献了 30% 的终端能源消耗和 27% 的能源相关碳排放[96]。其中既有建筑的高能耗高碳排问题尤为突出，据调查，中国既有建筑约 400 ~ 600 亿 m³，其中只有不到 10% 可以评为节能建筑[97]。由于建筑的使用寿命较长，这些建筑多数将在未来 50 ~ 100 年内继续使用[98]，节能减碳潜力很大。作为全球碳排总量最高的国家，中国在第七十五届联合国大会上明确提出 "2030 年碳达峰、2060 年碳中和" 的目标。在这一背景下，既有建筑绿色低碳改造是建筑领域节能减碳的重要路径，不仅能够显著降低建筑能耗和碳排放，还能提升建筑的室内环境品质。

绿色低碳改造技术的优选目标首先应聚焦于降低建筑能耗和建筑全生命周期碳排放。既有建筑的碳排放不仅来源于运行阶段的能源消耗，还包括建材生产、施工以及拆除阶段的隐含碳。在既有建筑改造中可能面临改造的减碳效益无法在剩余使用年限内抵消改造措施所新增的隐含碳排放[99]。因此，开展既有建筑改造的全生命周期碳排放评估是必要的。然而，现有改造相关研究大多以运行阶段碳减排为目标。Vilches A 等[41]通过总结文献中的改造案例，发现既有建筑在实施节能改造后，在剩余使用寿命期内可以节省约 30% ~ 80% 的能源消耗。Mytafides C K 等[43]采用意大利节能标准推荐的改造措施对一幢大学教学楼进行整体改造，每年可以减少 43% 的运行阶段碳排放，若继续采用光伏系统，每年的减碳率可以上升至 109% 以上。Rosso F 等[28]以初始投资成本、年运行成本、年运行碳排放和年能源需求最低为目标对住宅建筑进行多目标优化，发现最优改造方案能够减少 49.2% 的年能源需求、

48.8% 的年能源成本和 45.2% 的年运行碳排放。

　　绿色改造不仅应关注节能减碳，更需改善室内环境质量，保障使用者的健康与舒适。人们约 87% 的时间在室内度过[100]，室内环境质量对人类健康与生产力具有显著影响。适宜的热环境（21 ~ 25℃）和良好的通风（>10L/s/ 人）可显著提升工作效率和认知能力，而自然光利用和低噪声环境（<40dB）则有助于减少疲劳、提高专注力并改善心理健康[101]。然而，既有建筑在热舒适温度、相对湿度、有效采光度（UDI）等健康性能指标上仍存在较大的优化空间[11]。研究表明，通过改造可以显著提升室内环境质量：建筑围护结构改造使冬季室内温度平均提高 0.5 ~ 1.5℃，显著改善了居住者的热舒适性；增加通风率和自然光利用有效降低了室内污染物浓度，提升了空气品质，同时减少人工照明能耗，并使员工工作效率提高 47%；隔声和窗户更换措施降低了室内噪声水平至 28 ~ 40dB，显著减少了居住者对噪声的不满。[101-103]

　　既有建筑的绿色低碳改造为实现节能减排目标提供了有效而快速的解决方案，然而，绿色低碳改造的决策过程仍面临多重挑战。首先，在面对种类繁多的改造技术以及有限预算和多种建筑标准和规范的限制时，如何在最大化投资收益的同时满足节能减碳和室内环境要求，需要进行多目标权衡。其次，由于不同改造项目的现状情况和所处的气候条件差异较大，难以形成通用的改造方案，这限制了绿色低碳改造工程的大规模实施。

　　除此之外，尽管近年来绿色低碳改造技术取得了显著进展，但目前仍缺乏成熟的绿色低碳改造技术体系。现有的技术体系往往只关注部分技术或单目标优化，未能充分考虑多目标权衡下的多技术优选。同时，当前的优化策略研究多从技术角度考虑，忽视了实践应用的可推广度和落地性。如何动态协调技术选择与时序部署，通过差异化改造策略分级体系或多阶段投资规划，平衡经济成本与碳排放目标，是提升改造优化策略可操作性，衔接研究与实践必不可少的重要环节。

　　因此，梳理现有的高效绿色低碳技术，建立精细化的多目标技术优选方法，并结合项目实际进行针对性的优化，有助于在有限的预算和资源约束下，实现改造项目经济效益、环境效益和社会效益的协同提升。同时，绿色低碳改造技术优选能够帮助决策者和建筑绿色低碳改造从业人员更好地理解不同改造技术的潜力与局限性，从而制定更加科学合理的改造计划。

3.2　绿色低碳改造技术

3.2.1　景观绿化

　　景观绿化可通过增加太阳辐射的反射、减少固体表面的能量储存以及通过蒸散作用直接冷却空气，对于提升建筑的能源效率、改善微气候以及增强居住舒适度都有着重要作用。近年来，垂直绿化作为一种新型的绿化系统开始在世界各地推广，相关研究主要集中于绿色屋顶和绿色立面。

研究表明，绿色屋顶可以通过遮阴和蒸腾作用直接冷却屋顶，从而有效降低空调系统的电力消耗，特别是在顶层和单层建筑中[70]。唐鸣放等的研究指出，绿色屋顶可以提供的额外热阻值达到 $0.3 \sim 0.5 m^2 \cdot K/W$，有助于减少建筑物围护结构的热量传递率[104]。绿色立面能够显著提高室内环境的热舒适度，并大幅减少建筑物夏季和冬季的能源消耗[105]。比如，有研究发现，在相同太阳辐射强度下，用植物作为绿色立面代替百叶窗，可以使室内外温差减半，同时降低冷却负荷达 20%[106]。另一项研究比较了绿色墙面和混凝土墙面的热性能，结果表明，绿色墙面能够降低室内温度并延缓室外向室内的热传导[107]。

3.2.2 围护结构

围护结构的保温隔热性能对建筑能耗影响巨大，据统计，约 50% 的能耗是由围护结构传热所消耗的[108]，通过综合改造建筑的围护结构可以节约 40%～50% 左右的能耗[109]。与之类似，Dowd R M 和 Mourshed M[110] 通过仿真模拟研究了多种墙体结构和窗墙比组合下的商业建筑能源需求，发现建筑主体围护结构外表面的热损失是导致建筑较高碳排放的主要原因。因此，优化围护结构设计是建筑节能减碳的重点。

现有研究对围护结构的改造主要通过在既有外墙、屋面和楼板增设保温层和替换高性能窗户来减小围护结构的传热系数，以达到提高围护结构保温隔热性能的目的。此外，遮阳系统能有效减少太阳辐射热进入室内，也是常见的改造措施。

外墙占围护结构面积的 60% 以上[111]，其能耗占围护结构能耗的 26.60%[112]，提升其保温隔热性能是降低能耗的关键。外墙保温策略分为外保温和内保温，外保温虽施工难度大，但能消除热桥效应，保护主体结构并增加使用面积。常用保温材料包括岩棉板、玻璃棉、EPS 板、XPS 板等。

屋面直接暴露于建筑室外环境中，尤其在夏季，通过屋面进入建筑的热量约占建筑总热量的 70%[113]。通过合理选择保温策略，可降低 45% 的建筑得热量[114]。屋面保温分为外保温和内保温，外保温应用普遍。倒置式屋面将保温层置于防水层上方，可避免结露并延长防水层寿命，但对保温材料的防水性和耐久性要求较高，一般采用具有憎水性的保温材料，例如 EPS 板、XPS 板、硬泡聚氨酯等。

外窗是围护结构中隔热和气密性能的薄弱环节，窗墙比对能耗有直接影响。外窗改造策略包括更换窗框材料和玻璃类型。木窗框、断桥铝合金窗框和塑料窗框具有良好的隔热性能，是常用的节能窗框，中空玻璃、真空玻璃和低辐射镀膜玻璃是常用的节能玻璃。低辐射镀膜玻璃能反射太阳辐射热，减少热量进入，同时保证室内采光。

3.2.3　空调系统

通过对公共建筑能耗调查分析，暖通空调系统能耗占比最大，不同地区空调系统能耗占比为 25% ~ 54%。空调系统节能改造是降低建筑整体能耗、实现低碳目标的核心环节，主要改造方向包括设备能效提升、系统优化调控、智慧运维管理，其中提高空调能效是最常用且效果显著的技术路径。相关研究为空调系统节能改造提供了 6 种节能改造技术路线，并通过测算发现，56 个项目总建筑面积 291.14 万 m²，改造前空调系统能耗总能耗 4134.13 万 kWh，改造节能量 1010.05 万 kWh，综合节能率 24.4%，可减少 CO_2 排放 8931.9t，节能潜力巨大[115]。除此之外，建筑围护结构的热性能与暖通空调系统的类型之间存在相互依赖关系，单独考虑其中任何一个方面都无法实现最优的节能效果[116]。Heracleous 等[34]对塞浦路斯的学校建筑进行围护结构和暖通设备改造时，首先对单项改造措施进行建筑能耗模拟，之后综合考虑不同措施的节能效果和施工难度设计了 20 种改造措施组合方案，最终不同改造方案在案例建筑中实现了 62% ~ 77% 的节能量。

3.2.4　照明系统

建筑照明系统是建筑能耗的重要组成部分，约占建筑能耗的 20% ~ 40%[34]，提升建筑照明系统能效可有效降低建筑能耗。建筑照明系统的节能改造策略包括自然采光的节能改造、人工照明系统的节能改造以及照明控制的节能改造。

自然采光的提升可显著降低人工光源的使用，降低建筑照明能耗。在既有建筑改造中主要通过建筑设计如改变窗墙比以及相关技术如导光管、光导纤维、采光隔板，来改善建筑的自然采光。

人工照明系统的节能改造也是照明系统节能的重要内容。近年来，LED 照明技术的发展为照明系统节能提供了有力支持。LED 灯具有高效节能、寿命长、光效高、显色性好等优点。相比传统荧光灯和白炽灯，LED 照明每年可以显著降低能耗 19% ~ 76%[117]。

此外，通过照度感应器、红外线感应器等设备对照明灯具可以实现照明的自动控制，如定时开关、感应开关、调光控制等，节约照明能耗。例如，在办公区域采用感应开关，当无人使用时自动关闭灯光，有人进入时自动开启，可以有效避免不必要的能耗浪费。同时，调光控制系统可以根据室内的自然采光强度自动调节灯光亮度，确保室内光照舒适且节能。

3.2.5　节水系统

节水系统主要包括更换节水器具和增设雨水回收系统，通过这些措施可以有效提高水资源利用效率，减少建筑的水资源消耗。在既有建筑中，传统的用水器具如马桶、水龙头和淋浴喷头等往往存在较大的用水浪费问题。高效节水器具通过优化设计和采用先进的节水技术，能够在不影响使用功能的前提下显著降低用水量。大部分建筑通过安装节水器具等措施进行改造后，其水耗量可降低 40% 左右[118]，具有很大的节能潜力。而雨水回收系统可以将处理后的雨水应用于厕所冲刷、绿地浇灌以及道路冲洗等对水质要求较低的非饮用水中，有效减少对市政供水的依赖，同时降低建筑的用水成本。

3.2.6　可再生能源

全球 80% 以上的一次能源是来自化石燃料燃烧，产生了大量的温室气体，引起严重的环境问题，其中建筑活动也占很大比例[119]。为了应对化石燃料燃烧所造成的影响，可再生能源的利用成为必然趋势[120]。可再生能源主要是太阳能、风能、地热能、海洋能等无供应限制、可循环且对环境影响较低的一种能源[121]，其中太阳能是最丰富、最清洁、最环保的能源，在建筑领域应用广泛。

从 20 世纪 90 年代初开始，光伏（PV）技术开始与建筑围护结构相结合，以降低峰值电力负荷并满足建筑能源需求。这种结合被称为建筑集成光伏系统（BIPV），它不仅能够替代传统建筑材料（如屋顶、墙面和窗户），还能直接将太阳能转化为电能，为建筑提供电力支持。研究表明，BIPV 系统在节能和环境效益方面表现出色。例如，Riüther 和 Braun 的研究显示，巴西 Florianópolis 机场采用全立面 BIPV 覆盖后，年发电量可完全满足机场电力需求[122]。此外，BIPV 系统在夏季可将建筑的峰值电力负荷降低 10% ~ 20%，显著减轻电网压力。其隔热性能还能使建筑夏季室内温度降低 3 ~ 5℃，冬季室内温度提高 2 ~ 3℃[123]。

尽管 BIPV 系统的初始投资成本较高，但其长期节能效益显著。文献指出，通过生命周期成本分析，BIPV 系统的投资回收期为 5 ~ 10 年[123]。随着技术的进步，近年来，新型钙钛矿、CIGS 等光伏材料的发展，使立面光伏的能源产出效率提升 40% 以上[124]，这将进一步提升 BIPV 系统的性能和经济性。

3.3　改造技术优化指标

3.3.1　优化目标

（1）改造碳排放评价

建筑改造的全生命周期碳排放评价涵盖改造过程从物化阶段（改造相关建材的生产、运输和建造所产生的碳排放）、使用阶段（改造措施影响下建筑运行和维护碳排放）和拆除阶段（改造相关建材的拆除和废弃物运输所产生的碳排放）三个方面对建筑碳排放的影响，计算边界如图 3-1 所示。

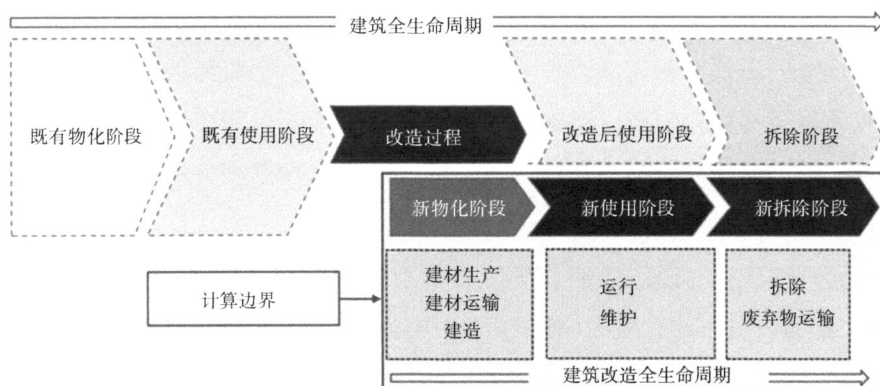

图 3-1　建筑改造全生命周期碳排放计算边界

我国颁布的《建筑碳排放计算标准》GB/T 51366—2019[125] 中给出了常见能源和建筑材料的碳排放因子数据，提出了针对建筑全生命周期各阶段的碳排放计算方法，基于此标准和相关文献研究成果[126, 127]，给出建筑改造全生命周期碳排放计算方法如式（3-1）所示。其中碳排放是指二氧化碳当量（CO_2e），是《京都协议书》中规定的六类温室气体的总和。

$$LCC=C_p+C_t+C_{co}+C_{op}+C_m+C_d \qquad (3-1)$$

式中，

LCC 为建筑改造的全生命周期碳排放；

C_p 为建材生产阶段碳排放，是改造所需的建筑材料在原料开采加工过程中由于消耗能源以及化学反应产生的碳排放，计算公式为 $C_p=\sum_{i=1}^{n}M_{p,i}\times F_{p,i}$，其中 $M_{p,i}$ 为第 i 种建材的用量，$F_{p,i}$ 为第 i 种建材的碳排放因子 $kgCO_2/t$；

C_t 为建材运输阶段碳排放，是改造所需的建筑材料在运输过程中运输工具动力消耗产生的碳排放，计算公式为 $C_t=\sum_{i=1}^{n}M_{t,i}\times D_{t,i}\times F_{t,i}$，其中 $M_{t,i}$ 为第 i 种建材的用量，$D_{t,i}$ 为第 i 种建材的运输距离，$F_{t,i}$ 为第 i 种建材的运输方式下单位运输距离的碳排放因子 $kgCO_2/t\cdot km$；

C_{co} 为建造阶段碳排放，是改造施工中各类机械设备运行的能耗产生的碳排放，计算公式为 $C_{co}=\sum_{i=1}^{n}E_{co,i}\times F_{co,i}$，其中 $E_{co,i}$ 为建造阶段第 i 种能源的用量 kWh 或 kg，$F_{co,i}$ 为第 i 种能源的碳排放因子 $kgCO_2/kWh$ 或 $kgCO_2/m^2$；

C_{op} 为运行阶段碳排放，指改造措施影响下由供暖、制冷和照明产生的用电量所产生的碳排放，因此计算公式为 $C_{op}=\sum_{i=1}^{n}E_{op}\times F_{op,i}\times T$，其中 E_{op} 为运行阶段供暖、制冷和照明所产生的用电量，$F_{op,i}$ 为电网碳排放因子，取 2022 年中国全国电网碳排放因子平均值 0.5703tCO$_2$/MWh，T 为建筑剩余使用寿命；

C_m 为维护阶段碳排放，是指建筑在运行过程中，改造所需的建筑材料由于使用寿命小于改造后建筑寿命而需要更换产生的碳排放。这个阶段的碳排放可以归纳为需要更换的建筑材料在生产、运输、施工以及拆除废弃过程中产生的碳排放。由于在维护时，施工以及拆除基本都是人工完成，因此仅计算建材生产、运输以及废弃与回收的碳排放，计算公式为 $C_m = \sum_{i=1}^{n} (C_{mp,i} + C_{mt,i} + C_{mw,i}) \times r$，其中，$C_{mp,i}$、$C_{mt,i}$、$C_{mw,i}$ 分别为建筑维护阶段第 i 种需要更换的材料的生产、运输以及废弃与回收阶段的碳排放，r 为改造后建筑生命周期内改造措施所涉及建材的更换次数；

C_d 为拆除和废弃物运输阶段碳排放，是拆除改造所需建筑材料的各种机械的能耗导致的碳排放以及废弃物在运输过程中运输工具动力消耗产生的碳排放。参考邹一宁[128]的研究，取物化阶段碳排放的 10% 作为拆除和废弃物运输阶段碳排放，计算公式为 $C_d = \sum_{i=1}^{n} (C_p + C_t + C_{co}) \times 0.1$。

（2）改造后建筑能耗评价

建筑运行能耗采用建筑能耗综合值进行评价，根据《近零能耗建筑技术标准》GB/T 51350—2019[129]，建筑综合能耗指在设定计算条件下，单位面积年供暖、通风、空调、照明、生活热水、电梯的终端能耗量和可再生能源系统发电量，利用能耗换算系数，统一换算到标准煤当量后，两者之间的差值。夏热冬冷地区中小学建筑一般不存在天然气供暖，仅食堂等建筑存在天然气使用。建筑综合能耗即指建筑本体用电量和可再生能源发电量之间的差值，其计算方法如式（3-2）和式（3-3）所示：

$$EUI = \frac{(E_{heat} + E_{cool} + E_{vent} + E_{light} + E_{water} + E_{appliance}) \times f_i}{A} \quad (3\text{-}2)$$

$$sEUI = EUI - \frac{E_r \times f_i}{A} \quad (3\text{-}3)$$

式中，

$sEUI$ 指建筑综合能耗，kWh/（m^2·a）；EUI 指建筑本体能耗，kWh/m^2；E_r 指可再生能源发电量，E_{heat}、E_{cool}、E_{vent}、E_{light}、E_{water}、$E_{appliance}$ 分别指建筑供暖、制冷、通风、照明、生活热水、电梯等设备的能耗；A 指建筑面积（m^2）；f_i 指 i 类型能源的换算系数。

（3）改造经济性评价

初始投资成本的大小在很大程度上影响业主对改造技术措施的选择，限制较为昂贵的改造技术措施的实践应用[130]。本研究将初始投资成本作为主要经济优化指标，对改造措施的经济性进行评价，以探讨在实际工程中不同预算限制下的改造方案设计策略。

建筑改造初始投资成本包括改造措施的材料费、施工安装的人工费和机械费等，由 IC 表示，其计算方法如式（3-4）所示。

$$IC = \sum_{i=1}^{n} C_i \tag{3-4}$$

式中，C_i 为第 i 种改造措施的初始投资成本。

光伏发电采用自发自用、余电上网的模式，其经济收益 $R(t)$ 计算方法如式（3-5）和式（3-6）所示。

$$EUI \geqslant E_r, \ R(t) = (\Delta E + E_r) \times P_e \tag{3-5}$$

$$EUI < E_r, \ R(t) = (\Delta E + EUI) \times P_e (E_r - EUI) \times P_r \tag{3-6}$$

式中，EUI 表示设计建筑年能耗，E_r 表示年度光伏发电量，ΔE 表示设计建筑相比基准建筑本体能耗的年度节能量，单位均为 kWh/a。P_e 表示电价，P_r 表示光伏上网价格，单位均为元 /kWh，电价取 0.538 元 /kWh。根据国家发展改革委发布的《关于 2021 年新能源上网电价政策有关事项的通知》，2021 年起光伏实现全面平价上网，上网价格直接执行当地燃煤发电基准价，以浙江省的光伏上网价格为例，取 0.41 元 /kWh。

3.3.2　约束条件

（1）建筑本体节能率

建筑本体节能率指在设定计算条件下，设计建筑不包括可再生能源发电量的建筑能耗综合值与基准建筑的建筑能耗综合值的差值与基准建筑的建筑能耗综合值的比值，根据《近零能耗建筑技术标准》GB/T 51350—2019 中对于近零能耗公共建筑能效指标的规定，将夏热冬冷地区建筑本体节能率设置为不小于 20%。

（2）建筑光热环境

在考虑改造全生命周期碳排放和经济效益的同时，热环境考虑室内温度和室内相对湿度两项指标，光环境采用有效采光度（UDI）作为评价指标，有效采光度由 Nabil A 和 Mardaljevic J[131] 于 2006 年提出，兼顾建筑采光是否充分或者是否过量，是更全面的室内采光评价指标，其定义为建筑物年占用期内有效照明小时数的百分比。参考 Fang Y 等[132] 的研究成果对中小学生室内光热环境参数进行设置：将自然通风期间舒适的温度区间设置在 14 ~ 28℃，舒适的湿度区间设置为 30% ~ 70%，将可用的日光照度阈值设置为 300 ~ 3000lux。

为了对整幢建筑主要功能房间进行综合评估，将各类功能空间占建筑总面积的比重作为权重，对单类功能空间内所有测点所测得的室内光热环境参数的达标比例平均值进行加权求和处理，得到各类功能空间的室内光热环境的最终达标比例。其计算方法见式（3-7）~ 式（3-9）。

$$P_{\text{temp}} = \sum_{j=1}^{n} \frac{P_{\text{temp}, j} \times a_j}{A} \qquad (3-7)$$

$$P_{\text{RH}} = \sum_{j=1}^{n} \frac{P_{\text{RH}, j} \times a_j}{A} \qquad (3-8)$$

$$P_{\text{UDI}} = \sum_{j=1}^{n} \frac{P_{\text{UDI}, j} \times a_j}{A} \qquad (3-9)$$

式中，P_{temp}、P_{RH}、P_{UDI} 分别表示整幢建筑全年占用期间内室内空气温度达到 $14 \sim 28℃$ 的小时数占比，室内相对湿度达到 $30\% \sim 70\%$ 的小时数占比，工作面照度在 $300 \sim 3000\text{lux}$ 范围内的小时数占比；$P_{\text{temp}, j}$、$P_{\text{RH}, j}$、$P_{\text{UDI}, j}$ 分别表示第 j 类功能房间全年占用时间内室内温度、室内湿度和有效采光度的达标的小时数占比；a_j 为第 j 类功能房间的面积，A 为建筑总面积，m^2。

基于以上三个指标，根据 CASBEE[133] 和相关文献 [134] 中光热环境的相对权重，对指标进行赋权处理。参考夏热冬冷地区既有学校建筑改造相关研究中对室内环境优化的结果 [11, 135, 136]，给出改造建筑室内光热环境的约束条件如式（3-10）所示。

$$\frac{5}{12} \times P_{\text{UDI}} + \frac{7}{12} \left(\frac{1}{2} P_{\text{temp}} + \frac{1}{2} P_{\text{RH}} \right) \geqslant 70\% \qquad (3-10)$$

3.4 改造技术优化模型

3.4.1 建筑性能模拟

基于物理模型的建筑性能模拟在本研究中用于建立神经网络模型的训练数据集，建筑性能模拟通过 Grasshopper 中的 Ladybug Tools 插件集实现。

Grasshopper 是一款已经被建筑行业一线工作者和研究人员广泛采用的可视化编程软件，其基于 Rhino 3D 建模环境运行，可以采用算法程序实时动态生成参数化模型，具有操作便捷、兼容性高、可视性强等优势。在建筑绿色改造研究领域，已有多位学者采用基于 Rhinoceros 和 Grasshopper 搭载的插件进行建筑性能模拟的相关研究，其可靠性已经得到专家学者的验证和认可。该插件集包括 Ladybug、Honeybee 和 Butter-fly 等模拟工具。Honeybee 插件目前广泛应用于建筑性能和环境分析，其建筑能耗模拟的核心计算引擎为 EnergyPlus/OpenStudio，擅长对建筑冷热负荷、HAVC 系统、热湿环境进行模拟，其建筑光环境模拟内核为 Radiance，能够对采光系数、工作面照度、眩光等建筑光环境参数进行模拟和可视化分析。Ladybug 插件擅长对气象数据进行详细分析，且可以在 Rhino 界面中实现可视化图形的实时联动和反馈，通过输入标准气象数据文件，该插件可以提供太阳辐射、热舒适和太阳能光伏发电量的模拟等功能。

基于 Rhino 和 Grasshopper 的 Ladybug 和 Honeybee 插件可以满足对改造案例供暖、制冷、照明和太阳能光伏发电量的模拟需求，因此采用以上软件和平台作为后续的建筑性能模拟工具。

3.4.2　建筑性能预测

虽然基于物理模型的建筑性能模拟具有较强的稳定性和精确性，但当建筑研究需要进行大量模拟（如不确定性分析或多目标优化任务）时，计算成本会大量增加，这严重限制了对解决实际案例的研究。此外，既有建筑的布局、形体等在改造过程中很难大规模变动，相比于从无到有的新建建筑方案设计，改造建筑方案设计具有更大的约束性，为了对既有建筑进行更为精确的模拟，以对改造方案进行可实施性更强的指导，建模需要更符合实际而不能大幅度简化[137]，因此在性能模拟过程中需要花费更多的模拟时间，在建筑改造的相关研究中，单个方案或案例的模拟时间在 5~8min 甚至更久[138]。

为了解决模拟优化时间对于多目标优化算法的限制，已有学者在建筑改造设计优化研究中尝试采用神经网络模型[139]（ANN）、线性回归模型[140]（Linear Regression）、随机森林模型[39]（Random Forests）等元模型来替代基于建筑物理模型的建筑性能模拟，以在计算成本、准确性和实用性之间进行权衡，其中最常用的是基于人工神经网络的元模型。

本书选择人工神经网络模型，人工神经网络是一种受人脑性能启发的并行计算模型，由相互连接的处理单元（神经元）组成，可用于近似函数、时间序列分析、信号处理和模式关联或识别等任务，已经广泛应用于统计学、计算机、金融和各种工程领域[141]。人工神经网络必须经历一个复杂的学习或训练过程，在这个过程中，它不断调整输入和输出之间相互联系的特征，以输出期望的目标值。在关于建筑性能模拟的神经网络模型应用中，通过案例的训练建立输入（建筑设计变量等决策指标）和输出（能耗、舒适度、气候参数、环境性能）两者之间的复杂关系，从而实现对建筑性能模拟结果的快速预测。通过案例的训练建立输入（建筑设计变量等决策指标）和输出（能耗、舒适度、气候参数、环境性能）两者之间的复杂关系，从而实现对建筑性能模拟结果的快速预测。

工作流程具体包括以下步骤：

第一步，构建具有代表性的输入样本，以训练和验证神经网络模型。输入样本为改造技术的设计参数的组合，通过拉丁超立方采样（Latin Hypercube Sampling，LHS）方法生成。拉丁超立方采样是一种分层抽样方法，可用于生成特定数量和范围的变量样本，相对于随机抽样可以用体量更小的变量样本确保样本数据点在搜索空间中的均匀分布，同时保证样本的全面性和代表性[142]。根据 Escandón R 等[139]

的研究，最佳训练样本数量约为特征变量值的 42 倍；

第二步，将采样形成的输入样本依次输入建筑性能模拟模型中，得到对应的模拟结果（即输出样本），形成神经网络训练所需要的训练集和测试集；

第三步，使用训练集和测试集对神经网络模型进行训练和调试，建立输入与输出之间的关系；

第四步，使用不同的性能指标验证神经网络模型是否达到精度要求。

3.4.3 多目标优化模型

在建筑绿色改造过程中，建筑性能优化目标之间往往存在显著的负相关关系，例如室内舒适的提升和建筑能耗的减少，在实际工程中，改造投资成本的最小化和建筑性能的最优化也互相矛盾。通过整合性能模拟和优化算法，解决复杂的多目标多变量优化问题，已经成为辅助建筑师进行科学决策的重要方法。由于建筑设计变量的不确定性、类型的多样性等特征，启发式搜索算法成为建筑性能优化设计的首选。遗传算法是一种常见的启发式搜索算法，是基于适者生存、优胜劣汰生物进化机制演化而来的搜索方法。由于遗传算法具有设计变量可以连续也可以离散、允许计算机多处理器并行模拟等特点，非常适用于建筑性能的优化设计，尤其是其中的 NSGA Ⅱ（Fast Non-dominated Sorting Genetic Algorithm）算法，在建筑改造优化领域应用广泛[143]。本书选择 NSGA Ⅱ算法为例进行改造方案优化。

遗传算法的迭代过程受自然选择和进化的启示，群体中的每个个体都代表不同的问题解决方案。通过随机生成一定数量的初代种群后，按照适者生存和优胜劣汰的进化原理，在每一代根据个体的适应度大小选择优良个体并遗传到下一代。接着利用生物遗传学的遗传算子进行组合交叉和变异产生新的种群，运用种群非支配排序、精英保留等策略，实现全局搜索末代种群中的最优个体[144]。

由于优化目标之间存在难以比较和互相冲突的现象，多目标优化方法不一定在所有目标上都有最优解，其在优化过程结束后获得一组非支配解（Nondominated solutions），即帕累托解（Pareto solutions），其定义为：没有任何其他可行的解决方案可以再改进任何目标函数、同时不削弱至少一个其他目标函数的解[145]。Pareto 最优解构成 Pareto 前沿（图 3-2），遗传算法优化的目的就是发现尽可能接近真正 Pareto 前沿的最优解。

采用基于 Python 语言的 DEAP 进化算法框架实现遗传算法，DEAP（Distributed Evolutionary Algorithms in Python）框架为遗传算法以及其他进化算法提供了各种数据结构和工具，具有很高的灵活性，能够快速实现和测试 NSGA Ⅱ算法。

帕累托前沿解集提供了一系列非支配解，这些解集均为优化目标之间互相权衡的结果，通过分析非支配解与某个优化目标的关系，可以反映出优化变量对单目标的优化潜力,从而获得单目标导向下的优化策略。

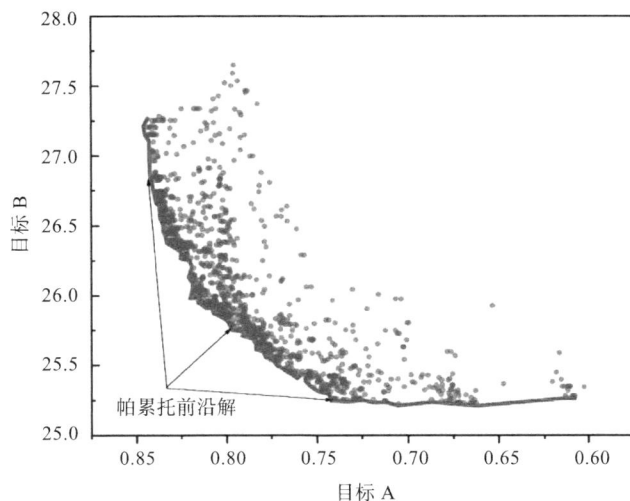

图 3-2　帕累托前沿示意

如果想要获得多个目标权衡下的整体最优解,在多个目标之间重要性程度不同时,可以采用线性加权法,即对多个优化目标进行权重赋值转换为单目标,并通过排序获得最优解[146]。在多个目标同等重要时,可以计算所有解集最接近坐标原点的设计解,从而均衡所有目标的重要性,并通过分析排序在前几位的最优解的设计规律得到最优方案的设计策略。计算方法见式(3-11)[147]。

$$BS = \text{Min}\left(\sqrt{\left(\frac{L_i - L_{\min}}{L_{\min}}\right)^2 + \left(\frac{E_i - E_{\min}}{E_{\min}}\right)^2 + \left(\frac{I_i - I_{\min}}{I_{\min}}\right)^2}\right) \quad （3-11）$$

式中,BS 表示整体最优解;L 为全生命周期碳排放,单位为 kgCO_2/m^2;E 为建筑运行能耗,单位为 kWh/m^2;I 为初始投资成本,单位为元;i 为迭代结果,取值为 1,2,$\cdots$,i;Min 为解集中最小值。

第 **4** 章

既有建筑绿色低碳改造实证分析

4.1 案例概况

4.1.1 案例基本信息

改造案例选择了位于浙江省杭州市某学校教学楼 A（图 4-1），在第 2 章的改造潜力评分中，教学楼 A 教学楼得分在 3.5 分以上，改造潜力较大。

该建筑竣工于 1993 年，无电子图纸资料，结合手绘图纸和现场测量，可得总用地面积 2803.52m²，总建筑面积 3417m²（无地下部分），其中，主要功能房间使用面积约 2400m²，建筑占地面积 1036.16m²，整体朝向为南偏西 10°，平面为 U 形。该教学楼建筑层高共 5 层，局部 3~4 层，主要建筑功能包括教室（普通教室、美术教室、计算机教室、舞蹈教室）、办公室和室内击剑馆等。

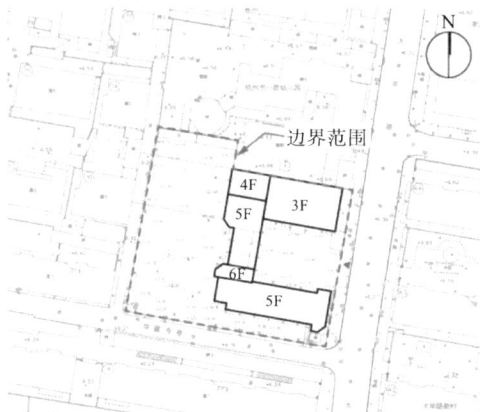

（a）现状实景图　　　　　　　　　　　　（b）总平面示意图

图 4-1 教学楼 A 实景图

4.1.2　案例使用情况

教学楼 A 为砖混结构，外墙和屋顶均未设置保温隔热层，外窗玻璃均为 6mm 单层玻璃，窗框为普通塑钢窗。如图 4-2 所示，教学楼 A 教学楼竣工至今的建筑墙体、门窗等围护结构部件未进行过更新改造。建筑 U 形庭院内侧设置有封闭走廊，除此之外建筑外侧均未设置外遮阳措施。建筑主要功能空间采用 36W 日光灯管进行照明，走廊等辅助空间设置有吸顶灯。主要功能空间均采用分体立柜式或挂壁式空调设备满足供暖和制冷需求，根据现场调查，建筑内部分体空调使用时间在 5～10 年之间，统计其中占比较高、更换年代较早的空调参数作为改造前原始参数，参考标准[148] 中的相关规定，以全年能源消耗效率（Annual Performance Factor，*APF*）为等级指标，计算方法见式（4-1）。

$$APF = \frac{(CSTL + HSTL)}{(CSTE + HSTE)} \tag{4-1}$$

式中，*CSTL* 和 *HSTL* 分别为季节制冷量和季节制热量，*CSTE* 和 *HSTE* 为制冷季节耗电量和制热季节耗电量，现状 *APF* 取值 3.0。建筑内未设置通风系统，通风方式为自然通风。表 4-1 总结了改造前建筑性能参数。

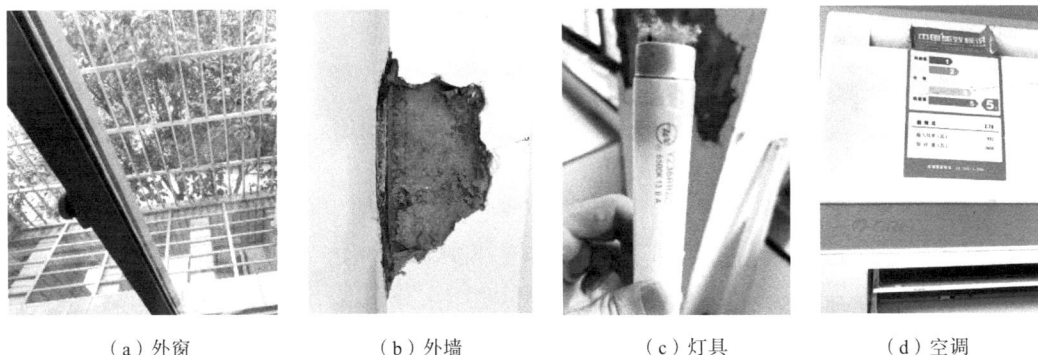

| （a）外窗 | （b）外墙 | （c）灯具 | （d）空调 |

图 4-2　改造前建筑现状实景图

改造前建筑性能参数　　　　　　　　　表 4-1

系统	改造前构造	性能参数
外墙	20mm 厚水泥砂浆 +240mm 厚砖墙 +15mm 厚水泥砂浆 +10mm 厚浅色面砖	K=1.95W/（m²·K）
屋顶	20mm 厚水泥砂浆 + 预制空心板 +30mm 厚炉渣混凝土 +20mm 厚水泥砂浆 +40mm 厚 C25 细石混凝土内配双向钢筋 +20mm 厚防水层	K=2.51W/（m²·K）
楼板	20mm 厚水泥砂浆 + 预制空心板 +40mm 厚 C20 细石混凝土内配双向钢筋 +15mm 厚水泥砂浆 +10mm 厚水磨石	K=3.85W/（m²·K）
窗户	单层玻璃塑钢窗	K=3.5W/（m²·K）

续表

系统	改造前构造	性能参数
窗墙比	北：0.36；东：0.18；南：0.28；西：0.15	—
外遮阳	无外遮阳，建筑U形庭院内侧设置封闭走廊	—
照明系统	36W 6500K日光灯管、40W吸顶灯	—
空调系统	分体式空调	$APF=3.0$

4.2　优化流程

4.2.1　建筑性能模拟

（1）模型搭建

根据本书3.4.1给出的方法，基于Rhino和Grasshopper的Ladybug和Honeybee插件建立大学路小学的建筑性能模拟模型，同时对建筑周边环境进行建模，以考虑周边环境和建筑自遮挡的影响，如图4-3所示。

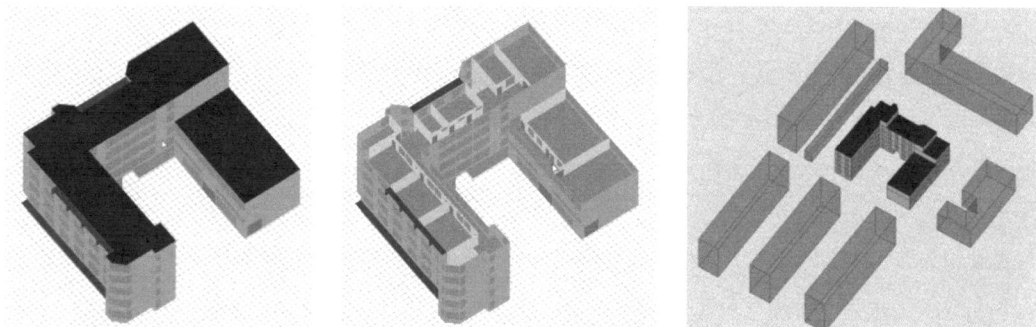

（a）改造前建筑性能模拟模型外观　　（b）改造前建筑性能模拟模型内部　　（c）现状周边建筑遮挡情况

图4-3　改造前建筑性能模拟模型搭建

根据问卷调研结果和《公共建筑节能设计标准》DB33/1036—2021[63]，将空调制冷时间设置为6月15日至9月15日，空调采暖时间设置为12月15日至2月20日，将夏季室内制冷设定温度为26℃，冬季室内供暖设定温度为20℃。参考杭州市中小学历年寒暑假时间，将该建筑每年的寒假时间设置为2月8日至3月5日，暑假时间设置为7月5日至9月1日，由于该校特色课程设置，室内体育馆除平时上课外，在寒暑假期间进行击剑体育项目集训，因此室内击剑馆的使用时间延长至寒暑假期间中小学放假后一个月。

室内热扰包括人员、照明和设备，表4-2详细显示了通过实地调研所获得的各类空间的人员密度特征，其中各房间的照明功率密度通过图纸审查和现场统计的方式计算得到，设备等其他建筑室内热工参数、光环境模拟参数分别参照《建筑节能与可再生能源利用通用规范》GB 55015—2021 和《建筑采光设计标准》GB 50033—2013 进行设置。

不同功能房间使用时间表　　　　　　表 4-2

房间类型	占用时间	空调	人员密度（m²/ 人）
普通教室	8：00 ~ 17：00	有	1.12
美术教室	8：00 ~ 17：00	有	1.12
电脑教室	8：00 ~ 17：00	有	1.12
舞蹈教室	8：00 ~ 17：00	有	3.33
击剑馆	14：00 ~ 17：00（包含暑假和寒假）	有	1.25
办公室	7：00 ~ 18：00	有	10
走廊和楼梯间	7：00 ~ 18：00	无	10
卫生间	7：00 ~ 18：00	无	20

（2）数据校准

为验证改造前基准模型的可信度，实地调研了大学路小学教学楼 2018 ~ 2020 年的逐月运行用电量，在 2018 ~ 2020 年该校存在寒暑假间装修施工以及疫情影响的停课等原因，异常用电月份改用其他正常使用年份的月用电量平均值，基于 2019 年用电量实测数据，计算可得该校实际单位面积用电量约为 45kWh/m²。

采用变异均方根误差系数 CV（$RMSE$）对模型的可信度进行验证。如果 CV（$RMSE$）>30%，则证明模型可信。其中，CV（$RMSE$）的计算方法如式（4-2）所示。

$$CV(RMSE) = \frac{1}{m} \times \sqrt{\frac{\sum_{i=1}^{n}(Mi-Si)^2}{n}} \tag{4-2}$$

式中，

m——实测数据平均值；

n——实测数据数量（即月份数量）；

Mi——实测值（即每月的实测能耗值）；

Si——模拟值（即每月的模拟能耗值）。

大学路小学改造前建筑性能模拟模型的能耗模拟结果如图 4-4 所示，经过计算，可得到本模拟的变异均方根误差系数 CV（$RMSE$）的值为 22%，模型达到可信度要求。

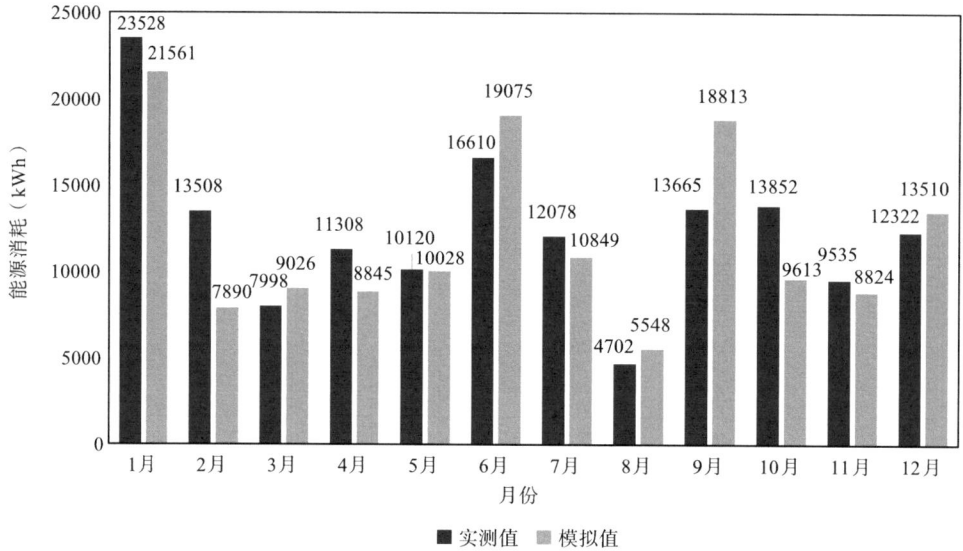

图 4-4　建筑性能模拟模型校准

4.2.2　建筑性能预测

根据本书 3.4.2 给出的方法，基于 Python 编程语言，采用 PyTorch 深度学习框架建立三个神经网络模型 N1、N2、N3，分别用于预测建筑本体能耗 EUI、屋顶光伏发电量 $E_{r,\,roof}$ 与墙面光伏发电量 $E_{r,\,wall}$ 以及建筑光热环境达标比 P_{temp}、P_{RH}、P_{UDI}，上述三个神经网络模型在训练完成后可以代替建筑性能模拟模型进行快速预测，其中 N1 和 N2 用于预测建筑本体能耗 [式（3-2）] 和建筑综合能耗 [式（3-3）]，N3 用于评估建筑光热环境达标情况（式 3-7～3-9）。神经网络模型的主要超参数设置如表 4-3 所示。

神经网络模型主要超参数设置　　　　　　　　　　　　　表 4-3

超参数	N1	N2	N3
训练样本	2000	2000	2000
测试样本	100	100	100
激活函数	Adam	Adam	Adam
隐藏层	（100，200，400，200，100，50，24）	（60，120，60，30，16）	（100，200，400，200，100，50，24）
隐藏层数量	7	5	7

利用拉丁超立方采样法对改造设计变量范围分层抽样，生成 2200 个输入样本，并输入建筑性能模拟模型进行模拟，获得建筑全年能耗数据和光伏发电量模拟数据，即输出样本。最终形成 2200 个样本集。随机选择 2000 个样本集为训练样本，100 个样本集为测试样本，100 个数据集用于训练完成后模型的验证样本。

训练结果如图 4-5 所示，最终神经网络模型 N1、N2、N3 训练集的损失函数值分别达到了 1.5×10^{-4}、2.5×10^{-5}、1.8×10^{-3}，可以看出模型表现出较好的收敛性，能够有效地拟合数据并且泛化能力较强。

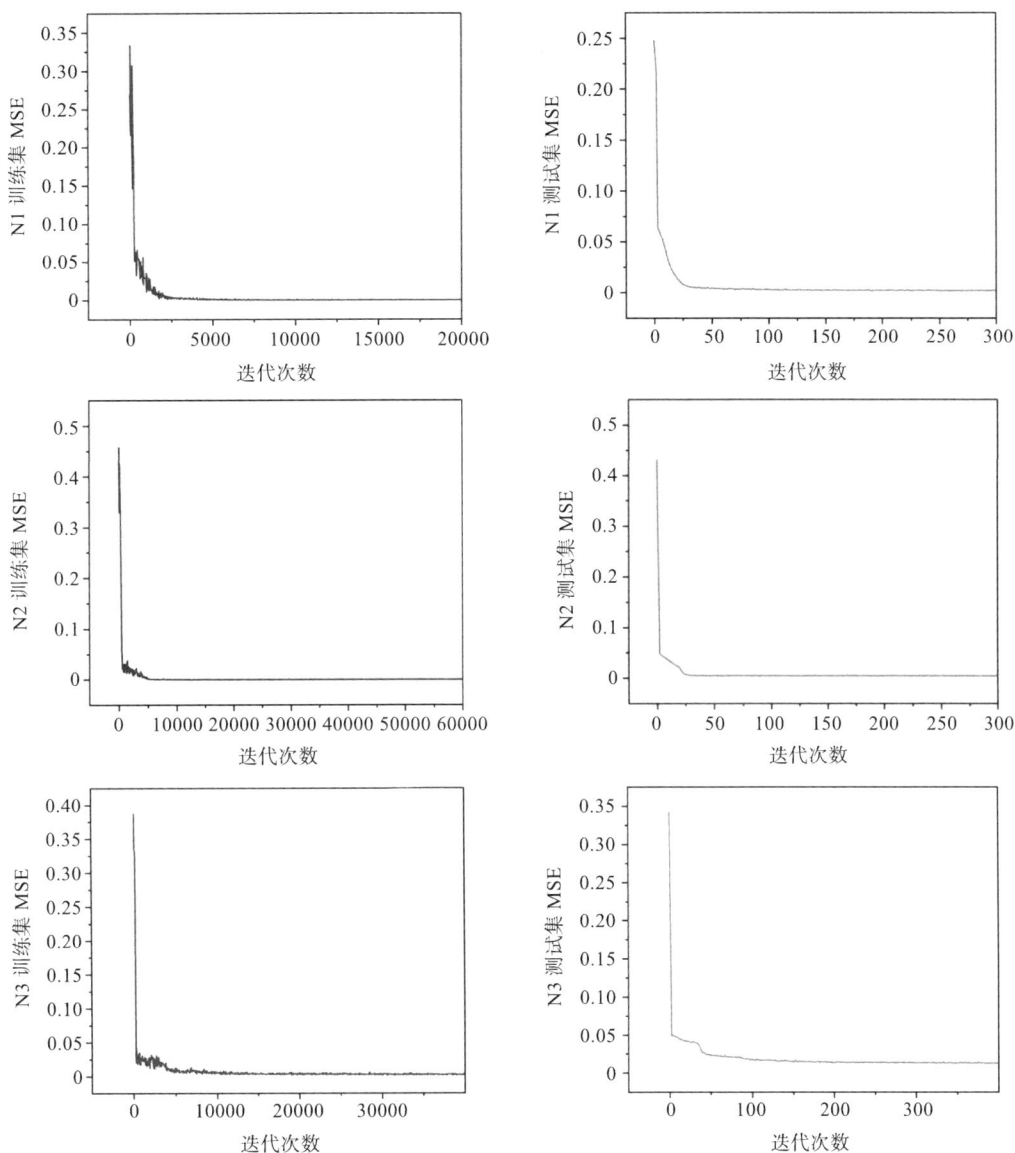

图 4-5　神经网络模型 N1、N2、N3 的训练收敛情况

为了进一步验证训练完成的神经网络的预测效果，将随机选择的 100 个验证样本输入训练完成的神经网络模型，得到神经网络模型的预测结果，模拟结果和预测结果的拟合情况如图 4-6 所示，采用平均相对误差 *MRE*（Mean Relative Error）进行模拟结果和预测结果的误差分析，其计算方法见式（4-3）。

$$MRE = \frac{1}{n} \times \sum_{i=1}^{n} \left| \frac{\hat{y}_i - y_i}{\hat{y}_i} \right| \qquad (4\text{-}3)$$

式中，n 为验证集数量（$n=100$）；$\hat{y}_i$ 为预测值；y_i 为模拟值。

经计算，优化目标函数值的 MRE 分别为 0.007、0.002、0.01、0.006、0.003、0.01，神经网络预测值相对于物理模型模拟值误差均在 1% 以内。因此，通过已建立的神经网络模型，可以在优化过程中代替建筑性能模拟对相应的优化函数值直接进行预测。

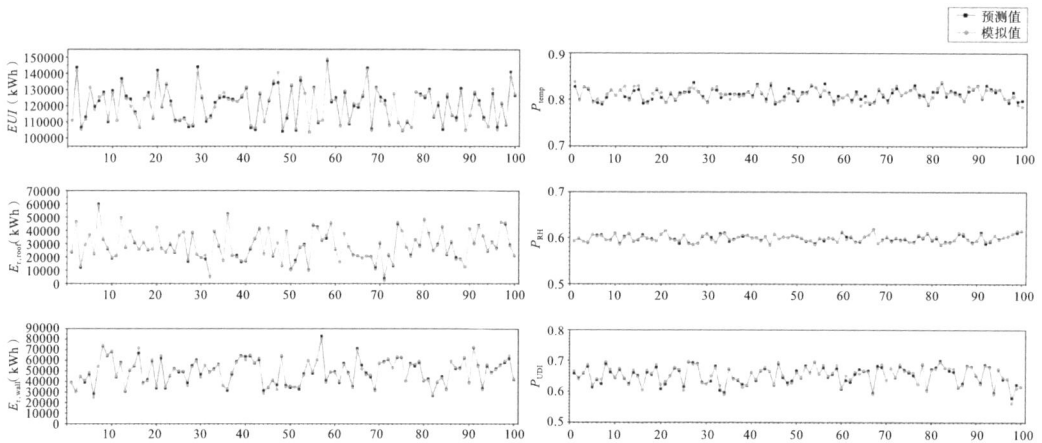

图 4-6　神经网络模型 N1、N2、N3 的拟合结果

4.2.3　多目标优化

应用第 3.4.3 节给出的多目标优化模型，在本研究中，NSGA Ⅱ 的参数根据相关文献研究结果设置，并在模拟过程中根据模拟效果调整。根据 Rosso 等的研究，初始种群规模大概为基因数量（即改造优化变量）的 2~6 倍，但由于优化变量的差异，现有研究中初始种群的数量变化范围很大，约在 100~2000。较大的种群数量有助于探索更大的搜索空间，避免陷入局部最优。研究中的改造案例确定的优化变量共 34 个，根据不同优化目标将初始种群数量在 500~2000 之间调整，精英数量（即每一代中存活下来的最佳个体）设置为初始种群的 30%。交叉概率设置为 0.8，突变概率设置为 0.6，最大迭代次数设置为 100，NSGA Ⅱ 遗传算法主要参数设置见表 4-4。

以全生命周期碳排放、建筑运行能耗和初始投资成本为优化目标，以建筑光热环境达标率、建筑本体节能率为约束条件，对大学路小学的围护结构、建筑设备、照明系统、光伏系统进行综合优化，给出不同预算限制下改造场景的优化结果。

NSGA Ⅱ遗传算法主要参数设置　　　　　　表 4-4

参数	取值
种群数量	500 ~ 2000
最大迭代次数	100
交叉概率	0.8
变异概率	0.6

（1）改造场景

考虑到光伏发电技术的高初始投资成本，结合工程实际，将改造场景划分为两类：不考虑光伏铺设和考虑光伏铺设。其中，考虑光伏铺设的场景按初始投资成本进一步分为三个区间：小于 100 万元（约 300 元 /m²）、100 ~ 150 万元（约 300 ~ 430 元 /m²）、150 万元以上（约 430 元 /m²）。

（2）优化变量

根据大学路小学的工程实际评估各改造措施的优化空间，初步筛选优化变量并确定优化参数的取值范围。

M1 增设场地绿化：大学路小学改造前绿地面积约 404m²，绿地率约 14.44%，绿植类型主要为灌木和乔木，景观绿化现状如图 4-7 所示。经测量估计，场地绿化可增加面积约为 35m²，提升空间较小，改造中按最大可增加面积增加场地绿化，不作为优化变量。

M2 增设立体绿化：现状学校建筑墙面和屋顶均未设置绿化，U 形院落内部沿外墙脚设置有花池，具有设置攀缘植物的潜力。但作为校园入口主要展示面，校方没有设置墙面绿化意愿。因此本研究不考虑立体绿化的设置。

　　（a）现状绿化　　　　　　　　（b）有增设场地绿化潜力区域　　　　　（c）院落花池

图 4-7　景观绿化现状

M3 改变外廊形式：大学路小学现状庭院内侧为封闭走廊，经与校方人员商议，考虑到外立面形象设计，在优化中暂不考虑改变外廊形式。

M4 改变窗墙比：根据现状各朝向窗墙比和建筑的层高、功能布局和结构特点进行设置可改变的上下限值。由于教学用房功能限制，部分墙面无法开窗（例如美术教室的西面墙体），考虑窗间墙和梁高限制，将每面开窗墙体的窗墙比设置为20%至50%之间，经计算，南、北朝向窗墙比可改变范围在20%至45%，东、西朝向窗墙比可改变范围在15%至35%之间，为了更符合工程实际，约束窗墙比自现状改变幅度至少为3%。

M5-M6屋顶和外墙增设保温层：改造设计参数包括屋顶、外墙的保温材料和材料厚度。外墙和屋顶的基层材料按照表4-5中现状构造层次设置，墙体和屋顶保温材料的热工参数参考《公共建筑节能设计标准》DB33/1036—2021设置（表4-6），外墙选用的保温材料包括岩棉带（RW）、挤塑聚苯板（XPS）、聚氨酯泡沫板（PU）和真空绝热板（VIP），屋面适用的保温材料包括挤塑聚苯板（XPS）、聚氨酯泡沫板（PU）和真空绝热板（VIP），其中真空绝热板（Vacuum Insulation Panel，VIP）是一种集高效、节能和环保于一体的新型隔热材料，在建筑节能领域具有广阔的发展前景。保温层厚度按照屋顶、外墙的传热系数换算，取值范围为《建筑节能与可再生能源利用通用规范》GB 55015—2021对应的传热系数下限，即屋顶、外墙分别为0.4W/（$m^2 \cdot K$）、0.8W/（$m^2 \cdot K$），以及《近零能耗建筑技术标准》GB/T 51350—2019对应的传热系数上限，即屋顶和外墙均为0.15W/（$m^2 \cdot K$）。

选取的保温材料性能参数及成本 表4-5

	岩棉带	挤塑聚苯板	硬泡聚氨酯	真空绝热板
导热系数 [W/（m·K）]	0.041	0.03	0.024	0.005
修正系数	1.3	1.2	1.2	1.2
干密度（kg/m³）	100	20	35	65～300
初始成本（元/m³）	800	700	1300	5000

增设的保温材料厚度参数 表4-6

部位	保温材料类型	传热系数 [W/（$m^2 \cdot K$）]	厚度（mm）
屋面	挤塑聚苯板	0.15～0.4	[60，200]
	硬泡聚氨酯		[50，150]
	真空绝热板		[10，50]
外墙	岩棉带	0.15～0.8	[30，250]
	挤塑聚苯板		[20，180]
	硬泡聚氨酯		[20，150]
	真空绝热板		[10，50]

M7替换高性能外窗：参考《公共建筑节能设计标准》DB33/1036—2021推荐的节能窗型（表4-7），以太阳得热系数（SHGC）和传热系数（K）为优化参数设置，

SHGC 范围为 0.28 ~ 0.5，*K* 值范围为 1 ~ 2.6。选取了 9 种不同 *U* 值和 *SHGC* 值参数的组合作为变量取值范围。除不同朝向外窗外，考虑走廊内窗的更换，走廊内窗窗型可选择不更换。

替换节能窗型的性能参数及成本　　　　　表 4-7

编号	窗框类型	名称	玻璃配置	传热系数（K）[W/（m²·K）]	太阳得热系数（SHGC）	初始成本（元/m²）
0	塑钢	原窗型（利旧）	6	3.5	0.5	—
1	金属隔热型材	65 隔热铝合金窗	5+12A+5	2.8 ~ 3.0	0.48 ~ 0.53	450
2		65 隔热铝合金窗	5+12A+5Low-E	2.2 ~ 2.4	0.35 ~ 0.39	490
3		65 隔热铝合金窗	5+12Ar+5Low-E	2.1 ~ 2.3	0.35 ~ 0.39	520
4		70 隔热铝合金窗	5+12A+5+12A+5Low-E	1.8 ~ 2.0	0.3 ~ 0.37	540
5		70 隔热铝合金窗	5+12Ar+5+12Ar+5Low-E	1.7 ~ 1.9	0.3 ~ 0.37	550
6		70 隔热铝合金窗	5+12A+5Low-E+12A+5Low-E	1.6 ~ 1.8	0.24 ~ 0.31	1100
7		70 隔热铝合金窗	5+12Ar+5Low-E+12Ar+5Low-E	1.5 ~ 1.7	0.24 ~ 0.31	1400
8		80 隔热铝合金窗	5+12Ar+5+12Ar+5Low-E	1.3 ~ 1.5	0.3 ~ 0.37	1600
9		80 隔热铝合金窗	5+12Ar+5Low-E+12Ar+5Low-E	1.1 ~ 1.3	0.24 ~ 0.31	2100

M8 增设外遮阳：结合现状建筑特点，东向为封闭走廊，不再设置遮阳设施，仅考虑在西向设置综合遮阳，在南向设置水平遮阳，遮阳板材料为预制钢筋混凝土遮阳板，遮阳深度范围为 0.1m 至 1m。遮阳形式如图 4-8 所示。

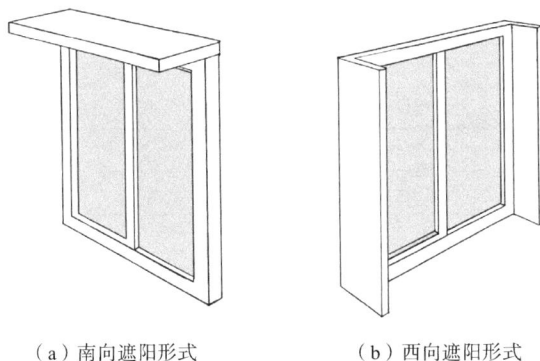

（a）南向遮阳形式　　　　　　（b）西向遮阳形式

图 4-8　外遮阳形式（来源：标准）

M9 更换高效能空调：大学路小学现状空调系统均为分体式空调，*APF* 值取 3.0。参考相关标准[148]中对空调能效等级的规定，取额定制冷量（CC）在 4500W 至

7100W 的 3 级、2 级、1 级能效空调设备 *APF* 值为 3.5、4、4.5，得到更换空调设备的四种方案，见表 4-8，其中方案 0 为不更换。

空调更换的能效等级和价格参数　　　　表 4-8

方案	空调类型	能效等级	*APF* 取值	初始成本（元/台）
0	分体式空调	原空调（利旧）	3.0	—
1		3 级	3.5	3500～5000
2		2 级	4.0	5400～7200
3		1 级	4.5	7200～9600

M10 更换 LED 节能灯具：通过 LED 灯具的替换，可以减少各类用房的照明功率密度值（*LPD*），从而减小能耗。杭州市拱墅区在 2021～2022 年开展了"亮睛护眼"行动，对区内 2800 间既有学校教室进行了 LED 灯具的替换，实地考察发现，此次照明改造工程的实施首先在教室等主要教学空间展开，其次为教室办公室、报告厅等办公用房或辅助空间。通过实地调研获取了杭州市拱墅区在此次改造行动中常用的灯具类型和性能参数，参考学校排课表将大学路小学功能空间按照重要性和使用频率进行优先级划分，表 4-9 和表 4-10 所示共设计了 5 种替换方案，其中方案 0 为不更换灯具。

LED 灯具替换的参数设置　　　　表 4-9

房间类型	应用房间	替换 LED 灯具类型	替换前照明总功率（W）	替换后照明总功率（W）
A	普通教室	护眼平板灯、黑板灯	4800	3990
B	美术教室	护眼平板灯、黑板灯	2880	2264
C	舞蹈教室	射灯、筒灯	560	288
D	电脑教室	嵌入式平板灯	480	336
E	办公室	嵌入式平板灯	2040	1312
F	击剑馆	射灯、筒灯	1760	672
G	卫生间	射灯、筒灯	720	624
H	走廊、楼梯间	线条灯、吸顶灯	3060	2210

LED 替换方案　　　　表 4-10

替换方案	应用房间类型	初始成本（元/m²）
0	原灯具（利旧）	—
I	A、B	38250
II	A、B、C、D	40460
III	A、B、C、D、E、F	52880
IV	A、B、C、D、E、F、G、H	74840

M11 增设照明控制系统：指通过在灯具中内置照度传感器，当工作面照度通过天然采光可以达到所要求的范围时，关闭相应位置的灯具，实现对室内灯具的分区自动控制。针对大学路小学的主要功能空间特征，对各个房间进行了照明监测点的网格划分，参考相关标准[64]中对中小学校教学空间工作面高度的规定，舞蹈教室和击剑馆的规定照度平面设置为地面，其余空间设置为距地面 0.75m（课桌面）。照度控制仅考虑设置和不设置两种情况。初始成本设置为替换 LED 灯具初始成本的 30%。

M12 更换节水卫生器具：大学路小学教学楼现状节水器具仅包括卫生间内的卫生器具，节水器具用量较小，考虑全部更换为一级节水器具，不作为优化变量。

M13 增设雨水回收系统：大学路小学用地面积较小，没有安装雨水回收系统的条件，因此不考虑此项改造措施。

M14-M15 屋顶和墙面铺设光伏板：将建筑屋顶划分为 3 部分铺设光伏板，即北面屋顶、东面屋顶和南面屋顶。光伏板假设水平支撑铺设，光伏组件选用单晶硅太阳能电池。考虑到屋面设备、结构构件等的影响，屋面可铺设最大面积设置为屋面面积的 60%。将外墙划分为 7 部分铺设光伏板。光伏板假设平行墙面铺设，光伏组件选用钙钛矿太阳能电池。墙面可铺设最大面积设置为实墙面积的 80%，由于西向墙面积约为其他各向墙面积的 2 倍，为了便于比较，西向外墙光伏可铺设比例最小值设置为 5%。屋顶和外墙的光伏铺设面分布如图 4-9 所示，光伏组件参数见表 4-11。

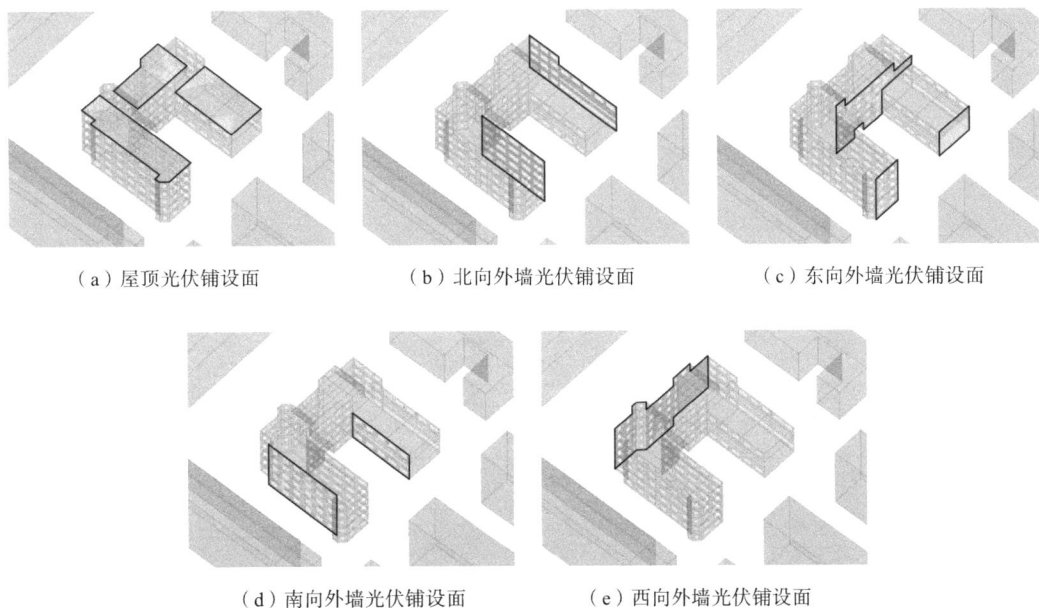

（a）屋顶光伏铺设面　　　　（b）北向外墙光伏铺设面　　　　（c）东向外墙光伏铺设面

（d）南向外墙光伏铺设面　　　　（e）西向外墙光伏铺设面

图 4-9　屋顶和外墙的光伏铺设面分布

光伏组件参数设置　　　　　　　　　　　　　表 4-11

光伏组件	单晶硅光伏组件	钙钛矿光伏组件
功率（W_p）（W）	550	-
组件规模（mm）	2278×1134	1245×635
发电效率（%）	18	15
初始成本（元/m²）	780	1300

基于上述原因，景观绿化、节水系统层次和围护结构层次中改变外廊形式等改造技术措施在该案例中的暂不考虑，最终共选择 10 项改造措施，形成 34 个优化变量，如表 4-12 所示。

大学路小学改造优化设计变量　　　　　　　　表 4-12

改造层次	改造措施	序号	优化变量	取值范围	步长	变量个数
L2 围护结构	M4 改变窗墙比	1	北墙窗墙比	[0.20，0.45]	0.01	27
		2	东墙窗墙比	[0.15，0.35]	0.01	27
		3	南墙窗墙比	[0.20，0.45]	0.01	27
		4	西墙窗墙比	[0.15，0.35]	0.01	33
	M5 替换高性能外窗	5	北窗类型	[1，9]	1	9
		6	东窗类型	[1，9]	1	9
		7	南窗类型	[1，9]	1	9
		8	西窗类型	[1，9]	1	9
		9	走廊内窗类型	[0，9]	1	10
	M6 屋顶增设保温层	10	保温层厚度	按传热系数限值设置	0.01	30
		11	保温材料类型	[XPS，PU，VIP]	1	3
	M7 外墙增设保温层	12～15	保温层厚度	按传热系数限值设置	0.01	57
		16～19	保温材料类型	[RW，XPS，PU，VIP]	1	4
	M8 增设外遮阳	17	西向综合遮阳	[0，1]	0.1	11
		18	南向水平遮阳	[0，1]	0.1	11
L3 暖通空调	M9 更换高效能空调	19	空调能效	[0，1，2，3]	1	4
L4 照明系统	M10 更换节能灯具	20	LED 替换方案	[0，1，2，3，4]	1	5
	M11 增设照明控制系统	21	照明控制	[0，1]	1	2
L6 光伏系统	M14 屋顶铺设光伏板	22	南侧光伏铺设面积比	[0，0.6]	0.1	7
		23	北侧光伏铺设面积比	[0，0.6]	0.1	7

改造层次	改造措施	序号	优化变量	取值范围	步长	变量个数
L6 光伏系统	M14 屋顶铺设光伏板	24	东侧光伏铺设面积比	[0，0.6]	0.1	7
	M15 墙面铺设光伏板	25	北向外侧光伏铺设面积比	[0，0.8]	0.1	9
		26	北向内院光伏铺设面积比	[0，0.8]	0.1	9
		27	东向外侧光伏铺设面积比	[0，0.8]	0.1	9
		28	东向内院光伏铺设面积比	[0，0.8]	0.1	9
		29	南向外侧光伏铺设面积比	[0，0.8]	0.1	9
		30	南向内院光伏铺设面积比	[0，0.8]	0.1	9
		31	西向外侧光伏铺设面积比	[0，0.8]	0.05	17

4.3　优化结果

4.3.1　不考虑光伏铺设时的改造情景

（1）整体优化效果

不考虑光伏的铺设，以全生命周期碳排放最小、建筑本体能耗最小和初始投资成本最小为优化目标，光热环境达标为约束条件，探讨三者之间的权衡关系。优化设置为初始种群数量为 1000，迭代次数设置为 100，优化时间约 30min。

各优化目标的优化结果范围如图 4-10 所示，在获得的帕累托解集中，全生命周期碳排放的优化结果范围在 533.18 ~ 708.58kgCO$_2$/m^2，平均值为 548.81kgCO$_2$/m^2；建筑本体能耗的优化结果范围在 29.37 ~ 36.88kWh/m^2，平均值为 30.81kWh/m^2，建筑本体节能率在 17.5% ~ 34.3%；初始投资成本结果范围在 151 ~ 452 元 /m^2，平均值为 284 元 /m^2。

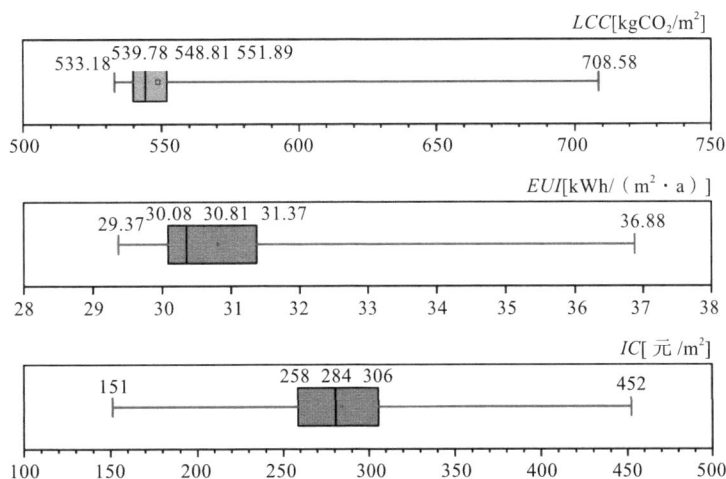

图 4-10　各优化目标函数值的结果范围

（2）优化目标值相关性分析

1）全生命周期碳排放（LCC）初始投资成本（IC）

分析全生命周期碳排放（LCC）和初始投资成本（IC）的关系，如图 4-11 所示，为了更清晰的展现变化趋势，采用 Savitzky-Golay 滤波器对数据进行了平滑处理，该方法由 Savizkg 和 Golay 于 1964 年提出，是一种在时域内基于局域多项式最小二乘法拟合的滤波方法。发现随着投资成本的增加，全生命周期碳排放呈现先下降后上升的趋势。全生命周期碳排放最小值约为 533.2kgCO$_2$/m^2，此时投资成本约为 270 元 /m^2，建筑本体能耗约 31.05kWh/m^2，建筑本体节能率约 31%。

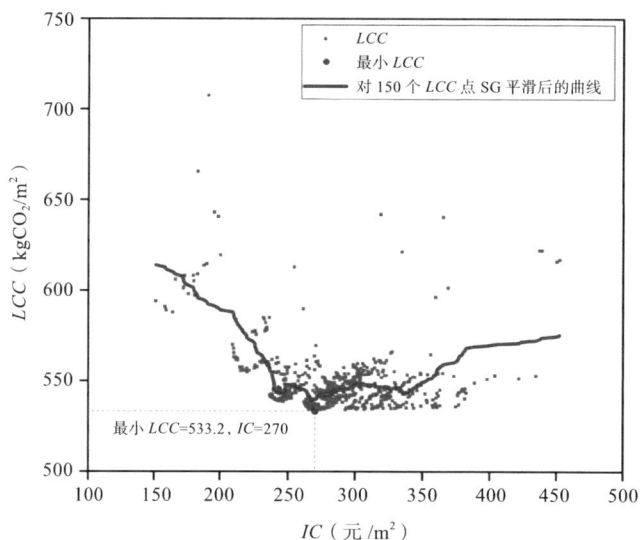

图 4-11　全生命周期碳排放（LCC）和初始投资成本（IC）的关系

计算帕累托解集中投资成本小于 270 元 /m^2 的解（269 个）和投资成本大于 270 元 /m^2 的解（494 个）的全生命周期各阶段碳排放、各项改造措施物化阶段碳排放的平均值。发现在投资成本大于 270 元 /m^2 时，物化阶段碳排放平均值增加了 17.84kgCO$_2$/m^2，运行阶段碳排放平均值减少了 26.16kgCO$_2$/m^2，物化阶段碳排放的占比有明显提升（图 4-12），提升幅度为 3.44%。在物化阶段碳排放中，围护结构改造所产生的碳排放占比明显高于建筑设备，但当投资成本大于 270 元 /m^2 时，建筑设备升级所产生的物化碳排放占比有所增大（图 4-13）。

可见，尽管运行阶段碳排放平均占比高达 80%，但随着物化阶段碳排放的升高，全生命周期碳排放将随之升高，两者之间存在权衡关系；此外，尽管空调等建筑设备的运行阶段节能效果显著，但其物化阶段碳排放平均占比在 30% 以上。

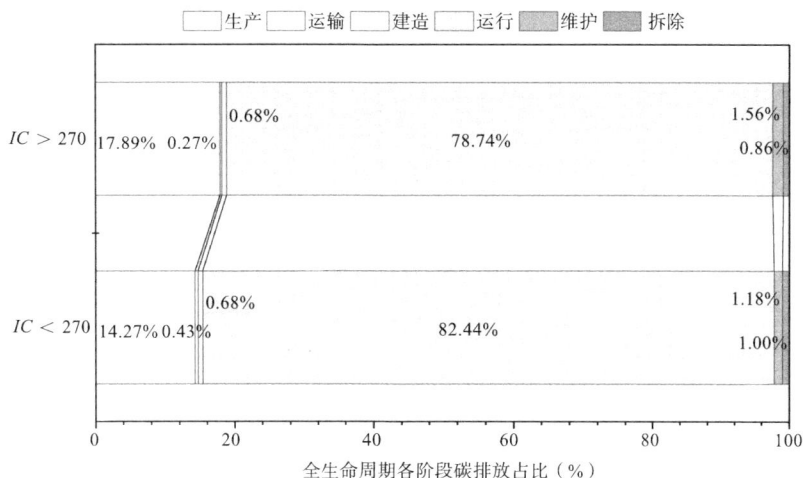

图 4-12　全生命周期碳排放组成

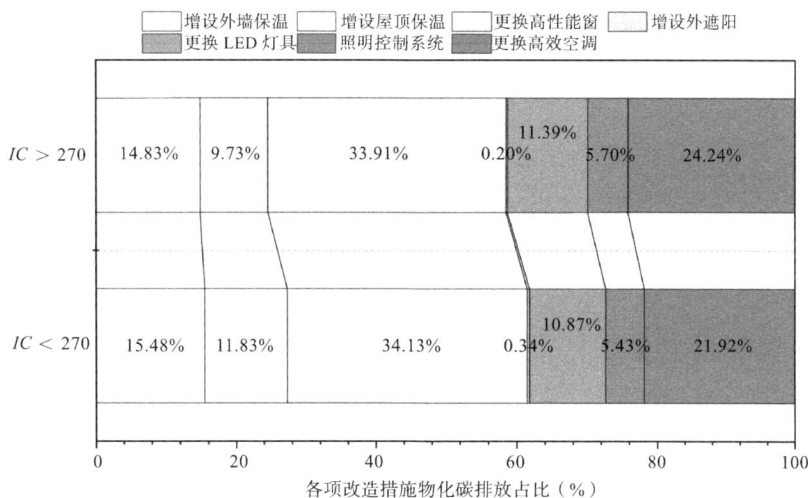

图 4-13　物化阶段碳排放组成

2）建筑本体能耗（*EUI*）与初始投资成本（*IC*）

分析建筑本体能耗（*EUI*）与初始投资成本（*IC*）的关系（图 4-14），发现随着投资成本的增加，建筑本体能耗整体呈现下降趋势，其最小值为 29.37kWh/m²，此时初始投资成本为 424 元 /m²。但在投资成本大于约 300 元 /m² 时，能耗下降速度放缓，这和 *LCC* 的上升趋势转折点相近。

计算两部分解集各项改造措施的初始成本平均值占比发现，外墙、屋面保温与更换高性能窗等围护结构相关的改造投资比例增加，而更换高效空调等建筑设备的整体投资比例下降（图 4-15）。可见，在围护结构性能参数满足最低国家标准和环境参数要求之后，优先投资于提升建筑设备效能是最佳选择，且在 300 元 /m²（总成本约 105 万元）以内的投资具有最佳的运行节能效果，继续增加投资（尤其是在围护结构上的投资）不能带来更为显著的运行节能效果。

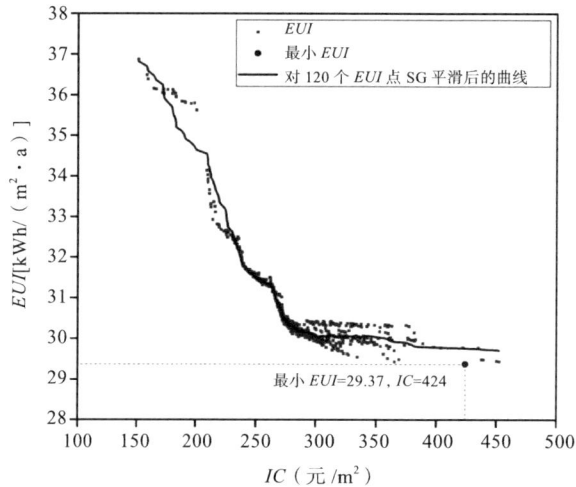

图 4-14　建筑本体能耗（ EUI ）与初始投资成本（ IC ）的关系

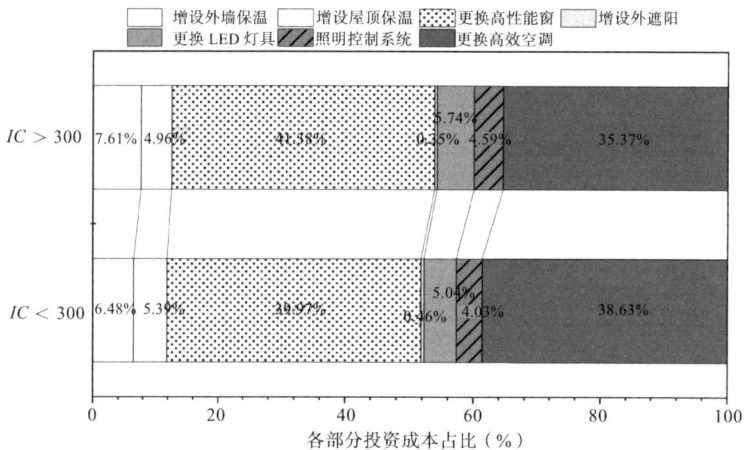

图 4-15　各项改造措施的投资占比

（3）优化变量敏感性分析

采用标准化回归系数（Standard Regression Coefficient, SRC ）评价所有帕累托解集中优化变量对建筑本体能耗、全生命周期碳排放、经济性的影响大小，标准化回归系数的绝对值大小反映了该变量对目标值的敏感程度，其绝对值越大，表示该设计变量对目标值的影响越大。正值和负值分别表示设计变量与目标值为正相关或负相关。改变这些改造措施优化参数的敏感程度是对帕累托解集中该参数取值范围变化幅度，以及对应改造措施节能潜力、成本投入、碳排放因子大小等特征的综合反映，在进行选择时应从多方面进行权衡。

如图 4-16 所示，对建筑本体能耗影响最为显著的是空调能效等级、灯具替换方案的选择，其次，屋面和西向外墙保温材料类型和厚度也有较大影响，反映了建筑设备更换的显著节能效果，而在外墙保温铺设中，屋顶和西向外墙应重点进行保温改造。对全生命周期碳排放影响最为显著的是空调能效等级、改变西向窗墙比、南外窗类型以及屋顶和南向外墙保温材料类型和厚度，且关于围护结构的改造对全生命周期碳排放的影响普遍较大；对初始投资成本影响最大的是更换 LED 节能灯具和更换高效能空调，其次为西向外窗类型和屋面保温类型的选择。

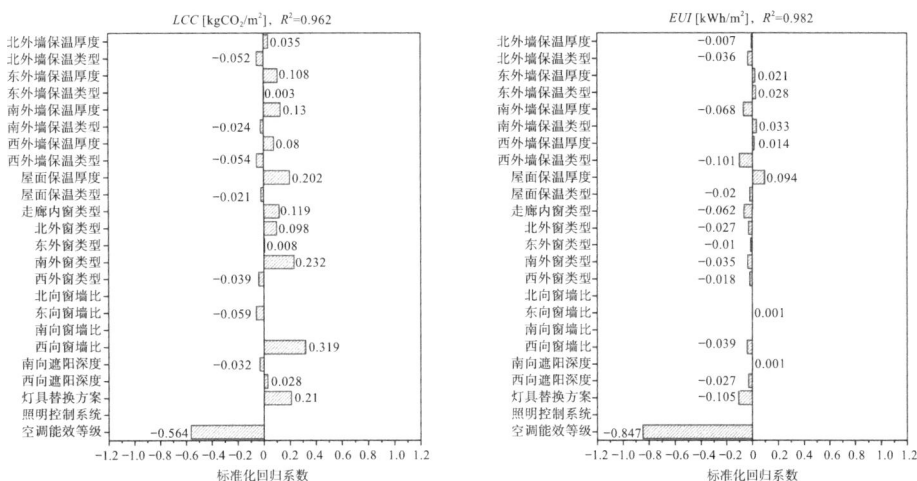

（a）优化变量对 EUI 的敏感性　　　　　　（b）优化变量对 LCC 的敏感性

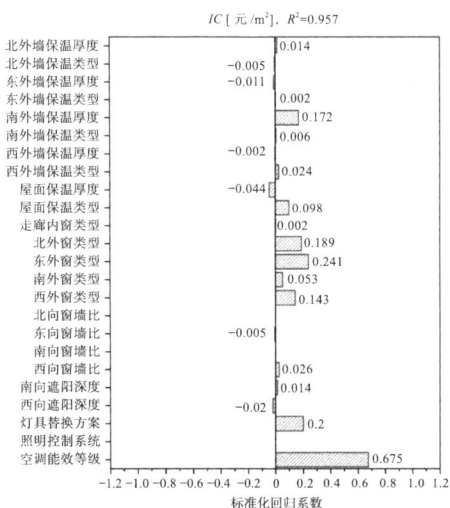

（c）优化变量对 IC 的敏感性

图 4-16　优化变量对不同优化目标值的标准化回归系数

4.3.2 考虑光伏铺设时的改造情景

（1）整体优化效果

以全生命周期碳排放、建筑综合能耗和初始投资成本为优化目标，探讨三者之间的权衡关系，约束条件为建筑本体节能率不小于20%。优化设置为初始种群数量为1000，迭代次数设置为100，优化时间约30min。

各优化目标函数值的结果范围如图4-17所示，在获得的帕累托解集中，全生命周期碳排放的优化结果范围在 42.92 ~ 423.6kgCO$_2$/m^2 之间，平均值为 93.26kgCO$_2$/m^2；建筑综合能耗的优化结果范围在 −16.89 ~ 10.44kWh/m^2 之间，平均值为 −12.04kWh/m^2，建筑综合节能率在 76.8% ~ 137.5% 之间；初始投资成本结果范围在 539 ~ 1132 元/m^2 之间，平均值为 898 元/m^2。

解集中光伏发电量范围如图4-18所示。光伏年发电总量（E_r）结果范围在 21.47 ~ 46.97kWh/m^2 之间，占比改造前建筑年能耗的 47.7% ~ 104.4%，平均值为 42.82 kWh/m^2，最大光伏发电量可以完全覆盖改造前用能需求。其中屋顶光伏发电量（$E_{r, roof}$）结果范围在 12.76 ~ 17.09kWh/m^2 之间，平均值为 16.95kWh/m^2；外墙光伏发电量（$E_{r, wall}$）结果范围在 8.71 ~ 30.02kWh/m^2 之间，平均值为 25.88kWh/m^2。

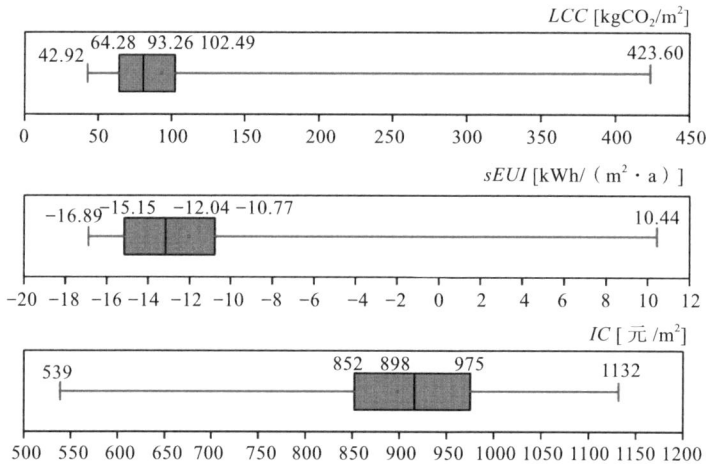

图 4-17 各优化目标函数值的结果范围

（2）不同预算限制的改造情景

优化结果，考虑光伏铺设时的帕累托前沿解集初始投资成本平均值约为 898 元/m^2，不考虑铺设光伏时约为 284 元/m^2，光伏系统的初始投资价格较大，考虑到工程实际中预算的有限性，以 50 万元为增长幅度，将初始投资成本划分为小于 100 万元（约 300 元/m^2）、100 ~ 150 万元（约 300 ~ 430 元/m^2）、150 万元以上（约 430 元/m^2

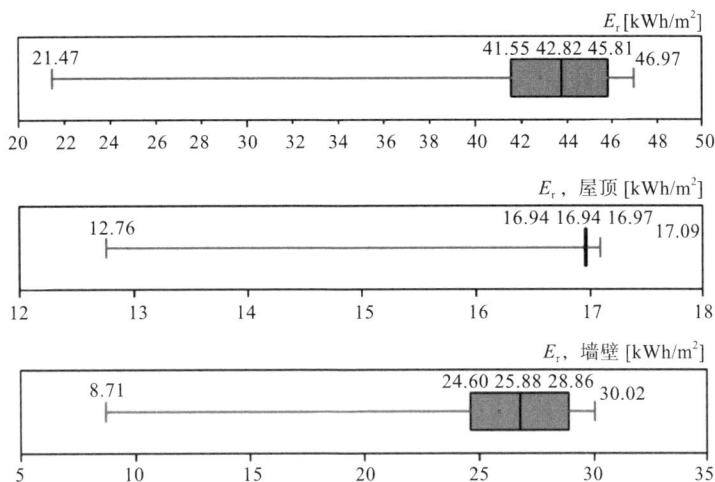

图 4-18　解集中光伏发电量范围

以上）三个层次，将三个预算范围作为约束条件，其他优化参数不变，探究不同预算下的改造技术策略。

1）初始投资预算小于 300 元 /m²

优化设置为初始种群数量为 1000，迭代次数设置为 100，优化时间约 40min，优化后共得到帕累托前沿解 415 个。

IC <300 元 /m² 时优化目标函数值的结果范围如图 4-19 所示，在获得的帕累托解集中，全生命周期碳排放的优化结果范围在 405.27 ~ 569.07kgCO₂/m² 之间，平均值为 450.56kgCO₂/m²；建筑综合能耗的优化结果范围在 19.29 ~ 33.47kWh/m² 之间，平均值为 23kWh/m²，建筑综合节能率在 25.1% ~ 56.9% 之间；初始投资成本结果范围在 213 ~ 288 元 /m² 之间，平均值为 265 元 /m²。

如图 4-20 所示，在光伏系统的应用上，所有帕累托解集方案均未在外墙铺设光伏，屋顶光伏发电总量即光伏发电总量，排除掉 3 个未采用光伏系统的方案，光伏发电总量在 0.67 ~ 13.77kWh/m² 之间。

2）初始投资预算在 300 ~ 430 元 /m²

优化设置为初始种群数量为 1000，迭代次数设置为 100，优化时间约 40min，优化后共得到帕累托前沿解 546 个。

300 元 /m²< IC <430 元 /m² 时优化目标函数值的结果范围如图 4-21 所示，在获得的帕累托解集中，全生命周期碳排放的优化结果范围在 288.71 ~ 426.39kgCO₂/m² 之间，平均值为 330.26kgCO₂/m²；建筑综合能耗的优化结果范围在 8.83 ~ 20.62kWh/m² 之间，平均值为 12.3kWh/m²，建筑本体节能率在 25.1% ~ 28.6% 之间，建筑综合节能率在 53.9% ~ 80.3%；初始投资成本结果范围在 289 ~ 432 元 /m² 之间，平均值为 384 元 /m²。

LCC [kgCO$_2$/m^2]

405.27 428.29 450.56 462.03 569.07

400 420 440 460 480 500 520 540 560 580

$sEUI$ [kWh/（m^2·a）]

19.29 20.88 23.00 24.17 33.47

18 19 20 21 22 23 24 25 26 27 28 29 30 31 32 33 34 35

IC [元/m^2]

213 257 265 278 288

200 210 220 230 240 250 260 270 280 290 300

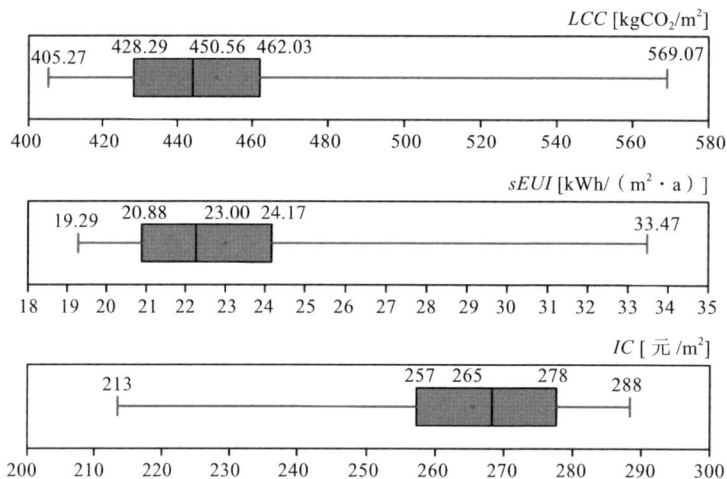

图 4-19 IC <300 元/m^2 时优化目标函数值的结果范围

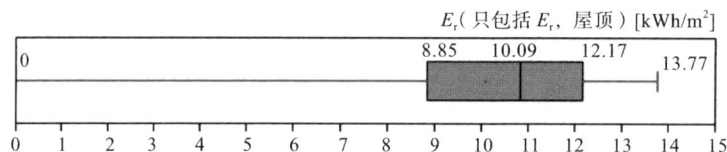

E_r（只包括 E_r, 屋顶）[kWh/m^2]

0 8.85 10.09 12.17 13.77

0 1 2 3 4 5 6 7 8 9 10 11 12 13 14 15

图 4-20 IC <300 元/m^2 时光伏发电量的结果范围

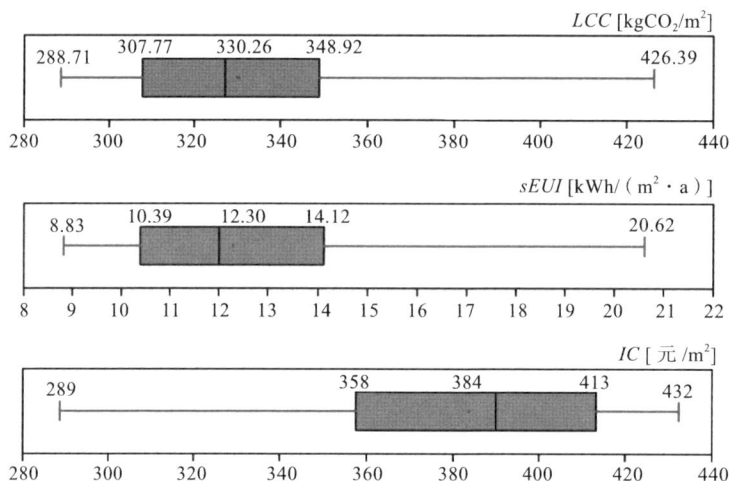

LCC [kgCO$_2$/m^2]

288.71 307.77 330.26 348.92 426.39

280 300 320 340 360 380 400 420 440

$sEUI$ [kWh/（m^2·a）]

8.83 10.39 12.30 14.12 20.62

8 9 10 11 12 13 14 15 16 17 18 19 20 21 22

IC [元/m^2]

289 358 384 413 432

280 300 320 340 360 380 400 420 440

图 4-21 300 元/m^2< IC <430 元/m^2 时优化目标函数值的结果范围

如图 4-22 所示，光伏年发电总量结果范围在 12.19～23.99kWh/m^2 之间，占比改造前建筑年能耗的 27.1%～53.3%，平均值为 20.63kWh/m^2。其中屋顶光伏发电量结果范围在 12.18～17.35kWh/m^2 之间，平均值约为 17kWh/m^2；外墙光伏发电量结果范围在 0～6.76kWh/m^2 之间，平均值为 3.56 kWh/m^2。

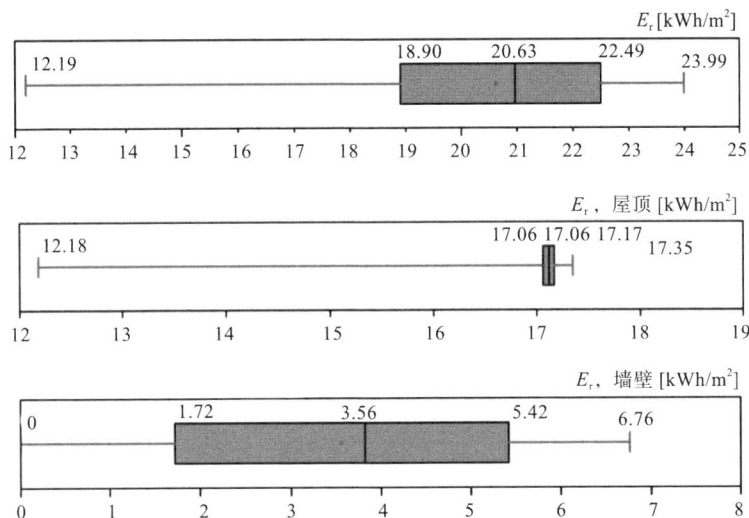

图 4-22 300 元 /m² < IC < 430 元 /m² 时光伏发电量的结果范围

3）初始投资预算在 430 元 /m² 以上

优化设置为初始种群数量为 1000，迭代次数设置为 100，优化时间约 40min，优化后共得到帕累托前沿解 830 个。

IC >430 元 /m² 时优化目标函数值的结果范围如图 4-23 所示，在获得的帕累托解集中，全生命周期碳排放的优化结果范围在 34.4 ~ 377.66kgCO₂/m² 之间，平均值为 69.26kgCO₂/m²；建筑综合能耗的优化结果范围在 −16.42 ~ 7.62kWh/m² 之间，平均值为 −12.62kWh/m²，建筑本体节能率在 25.9% ~ 33.3% 之间，建筑综合节能率在 82.9% ~ 136.7%；初始投资成本结果范围在 523 ~ 1084 元 /m² 之间，平均值为 884 元 /m²。

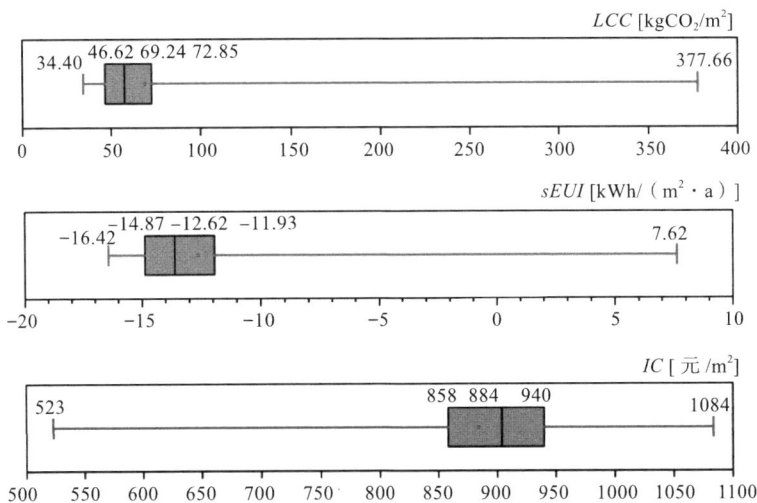

图 4-23 IC >430 元 /m² 时优化目标函数值的结果范围

如图 4-24 所示，光伏年发电总量结果范围在 25.3 ~ 46.71kWh/m² 之间，占比改造前建筑年能耗的 59.2% ~ 103.8%，平均值为 43.64kWh/m²。其中屋顶光伏发电量结果范围在 12.47 ~ 17kWh/m² 之间，平均值为 16.95kWh/m²；外墙光伏发电量结果范围在 10.19 ~ 29.76kWh/m² 之间，平均值为 26.72 kWh/m²。

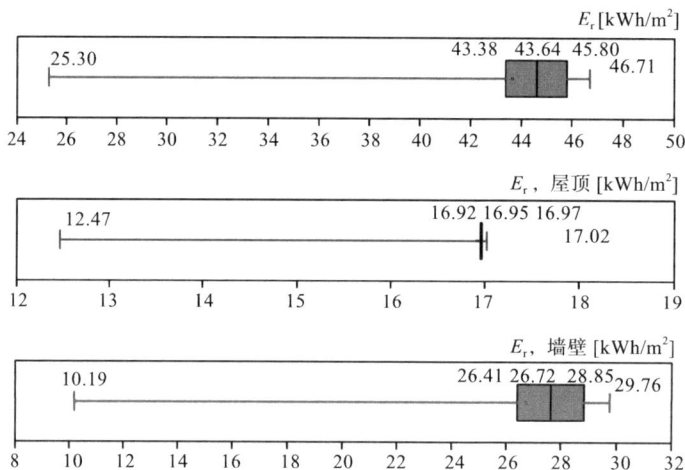

图 4-24 IC >430 元 /m² 时光伏发电量的结果范围

（3）优化目标值相关性分析

1）全生命周期碳排放（LCC）初始投资成本（IC）

分析所有帕累托前沿解集中全生命周期碳排放（LCC）和初始投资成本（IC）的相关性（图 4-25），发现随着投资成本的增加，全生命周期碳排放整体呈现明显下降趋势，其最小值为 42.92kgCO₂/m²，此时初始投资成本为 995 元 /m²，此后 LCC 呈现出增加趋势，同时物化碳排放（EmbodiedCO₂）出现明显增大。

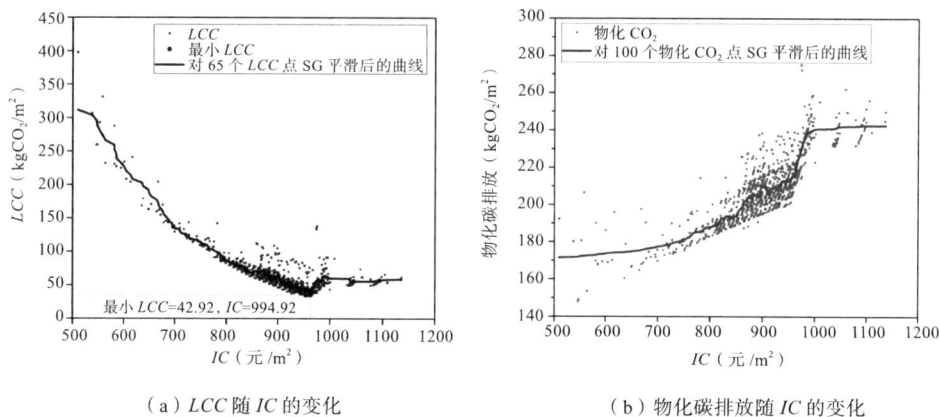

（a）LCC 随 IC 的变化

（b）物化碳排放随 IC 的变化

图 4-25   全生命周期碳排放（LCC）和初始投资成本（IC）的相关性

2）建筑本体能耗（*sEUI*）与初始投资成本（*IC*）

分析所有帕累托前沿解集中建筑综合能耗（*sEUI*）和初始投资成本（*IC*）的相关性（图 4-26），发现随着投资成本的增加，建筑综合能耗整体呈现明显下降趋势，其最小值为 $-16.9kWh/m^2$，此时初始投资成本为 1038 元 $/m^2$。建筑本体能耗的结果范围在 $29.5 \sim 33.3kWh/m^2$，建筑本体节能率在 25.6% ~ 33.9% 之间。在投资成本约 630 元 $/m^2$ 时，达到零能耗。

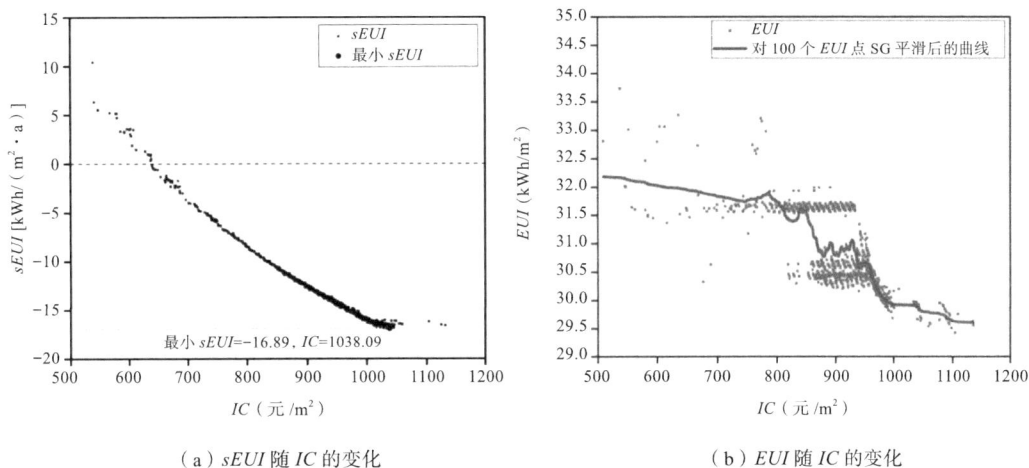

（a）*sEUI* 随 *IC* 的变化　　　　　（b）*EUI* 随 *IC* 的变化

图 4-26　建筑综合能耗（*sEUI*）和初始投资成本（*IC*）的相关性

（4）优化变量敏感性分析

采用标准化回归系数对不同预算情景下优化变量的对目标函数值的影响进行分析，计算结果如图 4-27 ~图 4-29 所示。

在对全生命周期碳排放的影响中，当投资成本在 300 元 $/m^2$ 以下时，影响最大的是南侧和东侧屋面光伏铺设比例、东向和南向窗墙比以及灯具替换方案；当投资成本在 300 ~ 430 元 $/m^2$ 时，由于此时解集方案均已选择屋面光伏铺设的最大铺设面积，影响最大的是南向、东向墙面的光伏铺设比例以及各向窗墙比的变化；当投资成本大于 430 元 $/m^2$ 时，此时屋面、东向墙面、南向墙面等太阳辐射强度较大的光伏铺设面已达到最大铺设面积，因此北向、西向墙面光伏的影响显著增加，此外南向窗墙比和南向外窗选择也产生了较大影响。

在对建筑综合能耗的影响中，当投资成本在 300 元 $/m^2$ 以下时，影响最大的是南侧和东侧屋面光伏铺设比例，东向、西向和南向的外窗类型选择，灯具替换方案以及西向外墙保温类型；当投资成本在 300 ~ 430 元 $/m^2$ 时，和全生命周期碳排放相似，影响最大的是南向、东向墙面的光伏铺设比例，其次为南向和西向外窗类型的选择；当投资成本大于 580 元 $/m^2$ 时，除光伏的影响外，空调能效等级的影响显著。

在对初始投资成本的影响中，当投资成本在 300 元 /m² 以下时，影响最大的是南侧和东侧屋面光伏铺设比例、其次为各向外墙保温类型和外窗类型的选择；当投资成本在 300 ~ 430 元 /m² 时，除光伏设备外，影响最大的是西向外窗类型的选择；当投资成本大于 430 元 /m² 时，除光伏设备外，空调能效等级、灯具替换方案的影响显著。

标准化回归系数的大小反映了改造设计参数在一定投资预算范围内的变化幅度和影响大小，而在帕累托解集中一些优化变量的参数成为所有解集方案的共同选择，例如由于照明控制系统的高效照明节能效果，所有的预算范围内的解集都选择了设置。

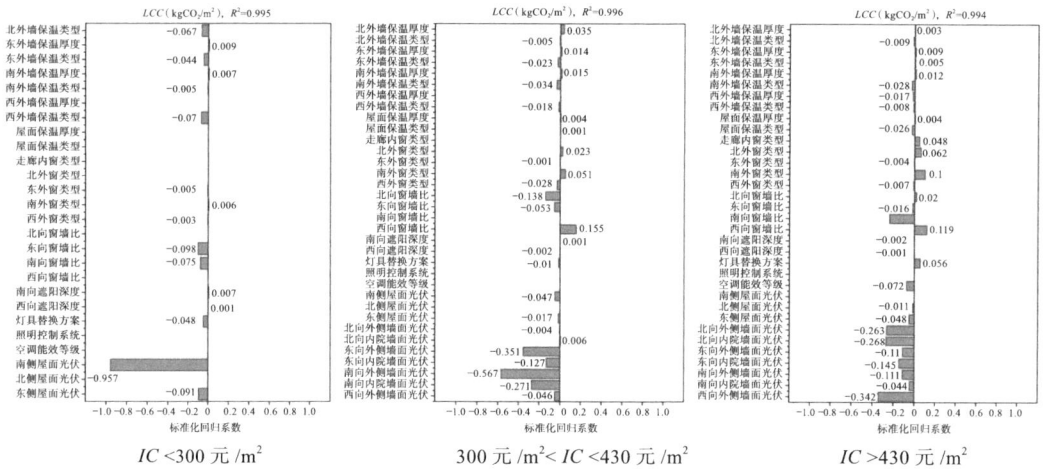

图 4-27　优化变量对全生命周期碳排放（LCC）的敏感性

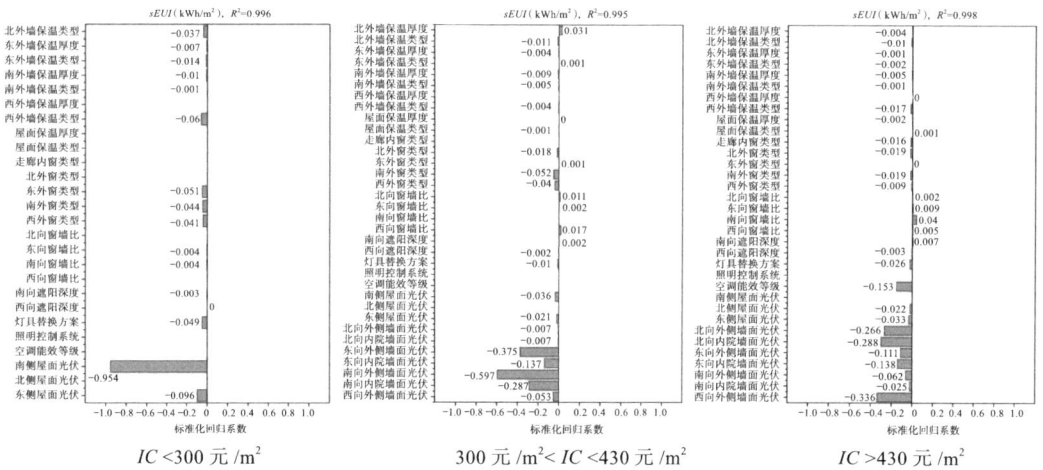

图 4-28　优化变量对建筑综合能耗（sEUI）的敏感性

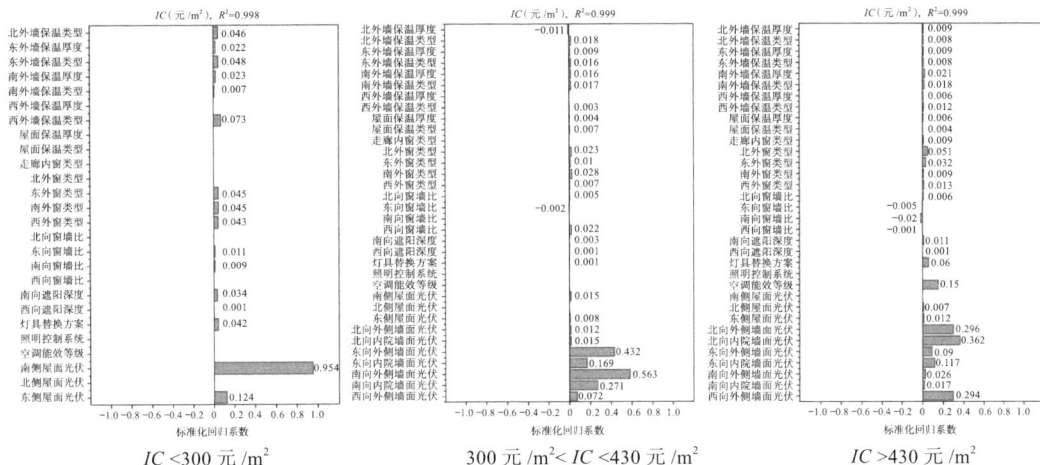

图 4-29　优化变量对初始投资成本（IC）的敏感性

4.4　绿色低碳改造适宜性技术

4.4.1　不考虑光伏铺设的改造情景

（1）单目标最优的改造策略

1）全生命周期碳排放优先

按照全生命周期碳排放大小进行排序，选择前 5% 的方案进行分析（图 4-30）。平均全生命周期碳排放为 534.58kgCO$_2$/m^2，平均建筑本体能耗为 30.65kWh/m^2，平均节能率为 31%，平均初始投资成本为 286 元 /m^2。

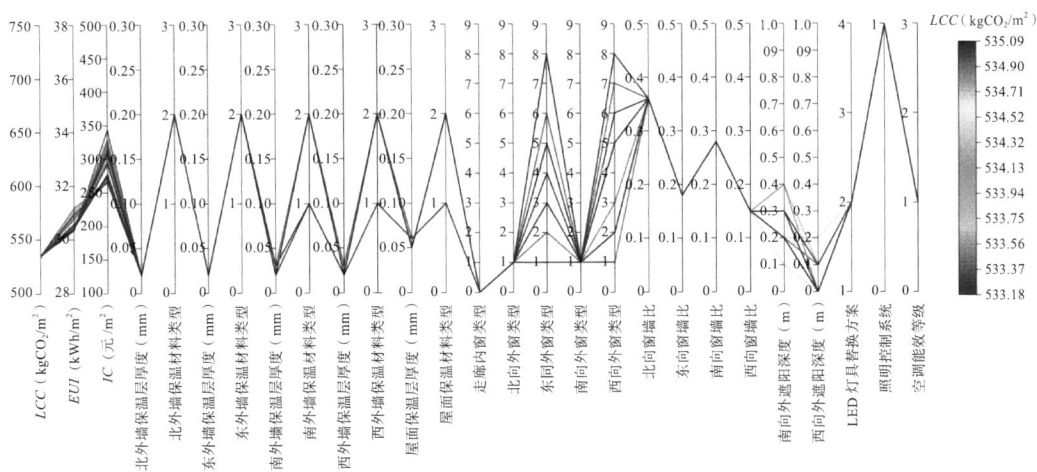

图 4-30　LCC 排序前 5% 的优化结果

综合上述分析，给出不考虑铺设光伏铺设、重点考虑建筑全生命周期碳排放时所推荐的改造设计方案（表4-13）。当重点考虑全生命周期碳排放时，各向外墙和屋顶热工性能均略高于标准最低限值，东向和西向外窗应采用窗型3及以上窗型，西向可不设置外遮阳或采用碳排放因子更小的材料。照明灯具只更换了所有教室的灯具，未更换办公室和公共空间，空调能效则始终选择一级能效。

重点考虑建筑全生命周期碳排放时所推荐的改造设计方案　　　　表 4-13

改造措施	优化变量	设计参数	性能参数
M4	北窗墙比	0.36	—
	东窗墙比	0.18	—
	南窗墙比	0.28	—
	西窗墙比	0.15	—
M5	走廊内窗	不更换	$K=3.5\mathrm{W}/（\mathrm{m}^2 \cdot \mathrm{K}）$，$SHGC=0.5$
	北窗	窗型 1	$K=2.6\mathrm{W}/（\mathrm{m}^2 \cdot \mathrm{K}）$，$SHGC=0.5$
	东窗	窗型 3	$>K=2.2\mathrm{W}/（\mathrm{m}^2 \cdot \mathrm{K}）$，$SHGC=0.37$
	南窗	窗型 1	$K=2.6\mathrm{W}/（\mathrm{m}^2 \cdot \mathrm{K}）$，$SHGC=0.37$
	西窗	窗型 3	$>K=2.2\mathrm{W}/（\mathrm{m}^2 \cdot \mathrm{K}）$，$SHGC=0.37$
M6	屋顶	50mm PU	$K=0.4\mathrm{W}/（\mathrm{m}^2 \cdot \mathrm{K}）$
M7	北外墙	20mm PU	$K=0.74\mathrm{W}/（\mathrm{m}^2 \cdot \mathrm{K}）$
	东外墙	20mm PU	$K=0.74\mathrm{W}/（\mathrm{m}^2 \cdot \mathrm{K}）$
	南外墙	20mm PU	$K=0.74\mathrm{W}/（\mathrm{m}^2 \cdot \mathrm{K}）$
	西外墙	20mm PU	$K=0.74\mathrm{W}/（\mathrm{m}^2 \cdot \mathrm{K}）$
M8	西向综合遮阳	0.2 ~ 0.4m	—
	南向水平遮阳	0 ~ 0.1m	—
M9	空调能效等级	1 级能效	$APF=4.5$
M10	LED 替换方案	方案 II（更换全部教室灯具）	—
M11	设置或不设置	设置	
LCC（$\mathrm{kgCO_2/m^2}$）		534.58	
EUI（$\mathrm{kWh/m^2}$）		30.65（节能率 31%）	
IC（元 $/\mathrm{m}^2$）		286	

2）建筑本体能耗优先

按照建筑本体节能率大小进行排序，取前 5% 的方案进行分析（图 4-31）。在此范围内，平均建筑本体能耗为 $29.69\mathrm{kWh/m^2}$，平均节能率为 34%，平均初始投资成本为 355 元 $/\mathrm{m}^2$，平均全生命周期碳排放为 $575.44\mathrm{kgCO_2/m^2}$。

综合上述分析，给出不考虑铺设光伏铺设、重点考虑建筑本体运行能耗时所推荐的改造设计方案（表 4-14）。

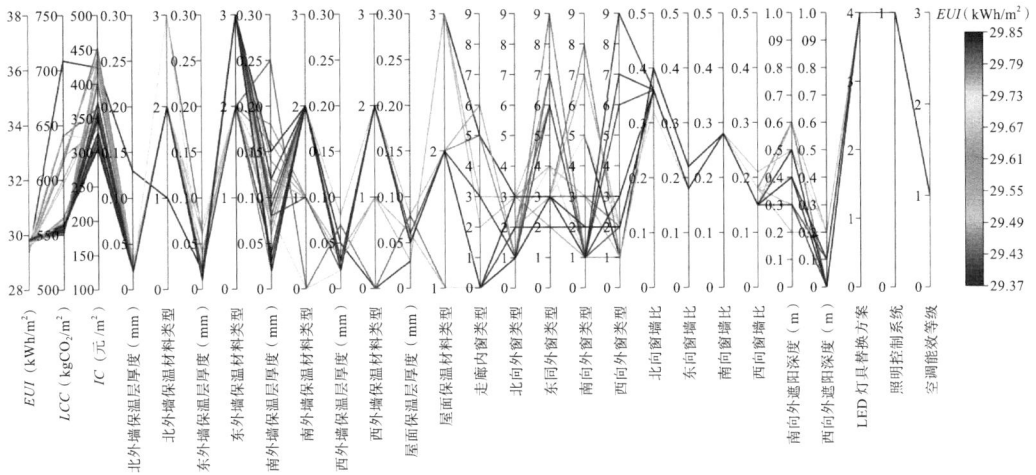

图 4-31　EUI 排序前 5% 的优化结果

重点考虑建筑本体运行能耗时所推荐的改造设计方案　　　表 4-14

改造措施	优化变量	设计参数	性能参数
M4	北窗墙比	0.36	—
	东窗墙比	0.18	—
	南窗墙比	0.28	—
	西窗墙比	0.15	—
M5	走廊内窗	不更换或更换窗型 1	K=3.5W/（m^2·K），$SHGC$=0.5
	北窗	窗型 3	K=1.8W/（m^2·K），$SHGC$=0.34
	东窗	窗型 3	K=2.4W/（m^2·K），$SHGC$=0.37
	南窗	窗型 3	K=2.2W/（m^2·K），$SHGC$=0.37
	西窗	窗型 2	K=2.6W/（m^2·K），$SHGC$=0.5
M6	屋顶	60mm PU	K=0.35W/（m^2·K）
M7	北外墙	30~40mm PU	K=0.46~0.6W/（m^2·K）
	东外墙	30~60mm PU	K=0.33~0.6W/（m^2·K）
	南外墙	130~160mm XPS	K=0.17~0.21W/（m^2·K）
	西外墙	40~50mm XPS	K=0.54~0.66W/（m^2·K）
M8	西向综合遮阳	0.4~0.6m	—
	南向水平遮阳	0.1~0.2m	—
M9	空调能效等级	1 级能效	APF=4.5
M10	LED 替换方案	方案Ⅳ（更换全部灯具）	—
M11	设置或不设置	设置	—
LCC（kgCO$_2$/m^2）		575.44	
EUI（kWh/m^2）		29.69（节能率 34%）	
IC（元/m^2）		355	

可以看出，当重点考虑建筑运行能耗时，建筑设备均选择更换最优性能，围护结构的热工性能均有明显提升。

3）初始投资成本优先

按照初始投资成本大小进行排序，取前5%的方案进行分析（图4-32）。在此范围内，平均全生命周期碳排放为590.12kgCO$_2$/m^2，平均建筑本体能耗为34.81kWh/m^2，平均节能率为22.4%，平均初始投资成本为195元/m^2。

综合上述分析，给出不考虑铺设光伏铺设、重点考虑改造经济性时所推荐的改造设计方案（表4-15）。可以看出，外窗类型大多选择了更换表4-7中的前两种窗型，各向外墙和屋顶热工性能均较标准限值略有提升。空调能效等级的选择上，当预算低于200元/m^{2}时，可以选择利旧以节省成本，此时可优先更换除公共空间之外的所有LED灯具（即方案Ⅲ），当预算高于200元/m^{2}时，推荐更换三级以上能效空调。

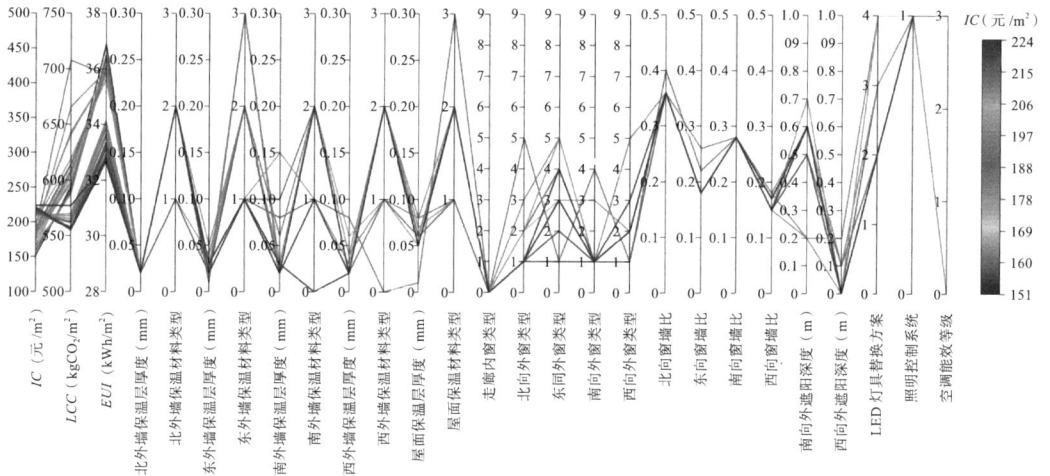

图 4-32　IC 排序前 5% 的优化结果

重点考虑改造经济性时所推荐的改造设计方案　　　　　　　　　　　表 4-15

改造措施	优化变量	设计参数	性能参数
M4	北窗墙比	0.36	—
	东窗墙比	0.18	—
	南窗墙比	0.28	—
	西窗墙比	0.15	—
M5	走廊内窗	不更换	K=3.5W/（m^2·K），$SHGC$=0.5
	北窗	窗型 1	K=2.6W/（m^2·K），$SHGC$=0.37
	东窗	窗型 3	K=2.2W/（m^2·K），$SHGC$=0.37
	南窗	窗型 1	K=2.6W/（m^2·K），$SHGC$=0.37
	西窗	窗型 2	K=2.4W/（m^2·K），$SHGC$=0.37

续表

改造措施	优化变量	设计参数	性能参数
M6	屋顶	60mm PU	$K=0.35W/(m^2·K)$
M7	北外墙	20mm PU	$K=0.74W/(m^2·K)$
	东外墙	20mm PU	$K=0.74W/(m^2·K)$
	南外墙	20mm PU	$K=0.74W/(m^2·K)$
	西外墙	20mm PU	$K=0.74W/(m^2·K)$
M8	西向综合遮阳	0m	—
	南向水平遮阳	0.6m	—
M9	空调能效等级	不更换或更换3级能效	$APF=2.8$ 或 3.5
M10	LED替换方案	方案Ⅱ或方案Ⅲ	—
M11	设置或不设置	设置	
LCC（$kgCO_2/m^2$）		590.12	
EUI（kWh/m^2）		34.81（节能率22.4%）	
IC（元/m^2）		195	

（2）三目标最优的改造策略

采用式（3-11）计算并排序获得三目标最优排序前5%的优化结果进行分析（图4-33）。在此范围内，平均全生命周期碳排放为536.72kgCO$_2$/m^2，平均建筑本体能耗为30.42kWh/m^2，平均节能率为32%，平均初始投资成本为280元/m^2。

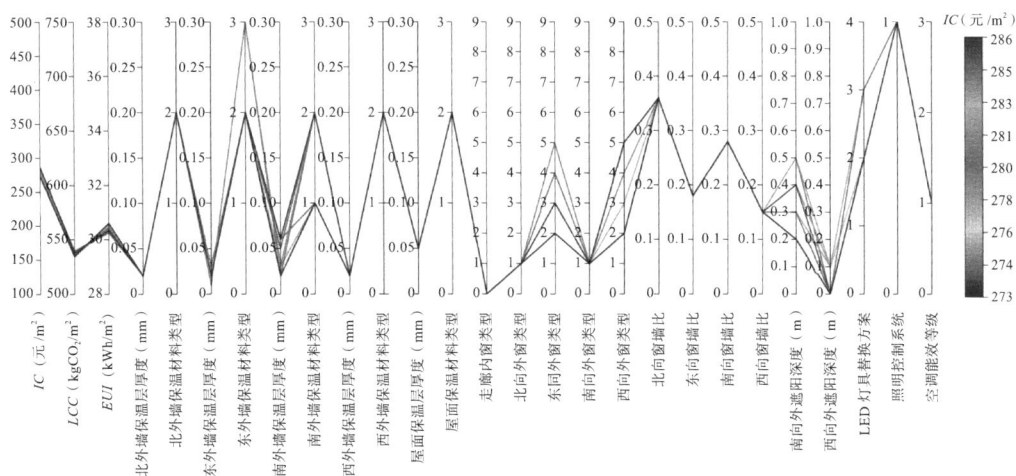

图4-33　三目标最优排序前5%的优化结果

综合上述分析，给出不考虑铺设光伏铺设、三目标综合最优的前5%所推荐的改造设计方案（表4-16）。其中在外窗类型选择上，北窗和南窗均选择了窗型1，东窗和西窗选择的窗型在窗型2~窗型5之间，按照占比给出推荐窗型，窗型的热工性能随着编号的增加而升高，可见东向和西向外窗应选择热工性能更优的窗型。

三目标综合最优的前 5% 所推荐的改造设计方案 　　　　　　　表 4-16

改造措施	优化变量	设计参数	性能参数
M4	北窗墙比	0.36	—
	东窗墙比	0.18	—
	南窗墙比	0.28	—
	西窗墙比	0.15	—
M5	走廊内窗	不更换	$K=3.5W/(m^2 \cdot K)$，$SHGC=0.5$
	北窗	窗型 1	$K=1.8W/(m^2 \cdot K)$，$SHGC=0.34$
	东窗	窗型 2 或窗型 3	$K=2.4W/(m^2 \cdot K)$，$SHGC=0.37$
	南窗	窗型 1	$K=2.2W/(m^2 \cdot K)$，$SHGC=0.37$
	西窗	窗型 2 或窗型 5	$K=2.6W/(m^2 \cdot K)$，$SHGC=0.5$
M6	屋顶	50mm PU	$K=0.4W/(m^2 \cdot K)$
M7	北外墙	20mm PU	$K=0.74W/(m^2 \cdot K)$
	东外墙	20mm PU	$K=0.74W/(m^2 \cdot K)$
	南外墙	20mm-50mm XPS	$K=0.39\sim0.8W/(m^2 \cdot K)$
	西外墙	20mm PU	$K=0.74W/(m^2 \cdot K)$
M8	西向综合遮阳	0.2m ~ 0.5m	—
	南向水平遮阳	0 ~ 0.1m	—
M9	空调能效等级	一级能效	$APF=4.5$
M10	LED 替换方案	方案 Ⅱ 或方案 Ⅲ	—
M11	设置或不设置	设置	—
LCC（$kgCO_2/m^2$）		536.72	
EUI（kWh/m^2）		30.42（节能率 32%）	
IC（元 $/m^2$）		280	

（3）前 5% 最优解集方案对比

对比单目标和多目标前 5% 最优解的目标函数平均值（图 4-34），发现 IC 最优解的全生命周期碳排放和建筑能耗平均值均为最高，平均节能率为 22.4%；EUI 最优解的初始投资成本最高；三目标最优解的优化结果和 LCC 最优解接近，但三目标最优解的优化目标函数值结果均优于 LCC 最优解，可见三目标最优解集能够在三者之间取得较为良好的平衡。

对比单目标和多目标前 5% 最优解的初始投资占比（图 4-35）：窗户改造和空调系统涉及的投资占比始终较大，这是由于此两者的市场价格较高，且更换面积或数量大。可以看出，IC 为优先目标时，窗户性能提升是优选技术，此时围护结构热工性能在满足标准要求的情况下，选择了效能较低的建筑设备；LCC 为优先目标时，窗户改造和空调系统提升的投资占比接近，说明两者的性能提升都很重要；*EUI* 为优先目标时，外墙保温技术应用程度明显提升，解集进一步增加了在围护结构上的投资；三目标最优时，空调设备的投资最大。综合来看，空调设备的更新是优先级较高的改造措施。

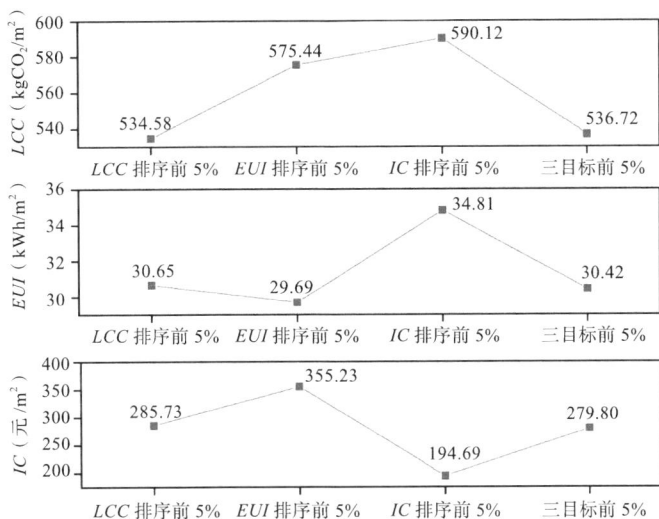

图 4-34 单目标和多目标前 5% 最优解的目标函数平均值

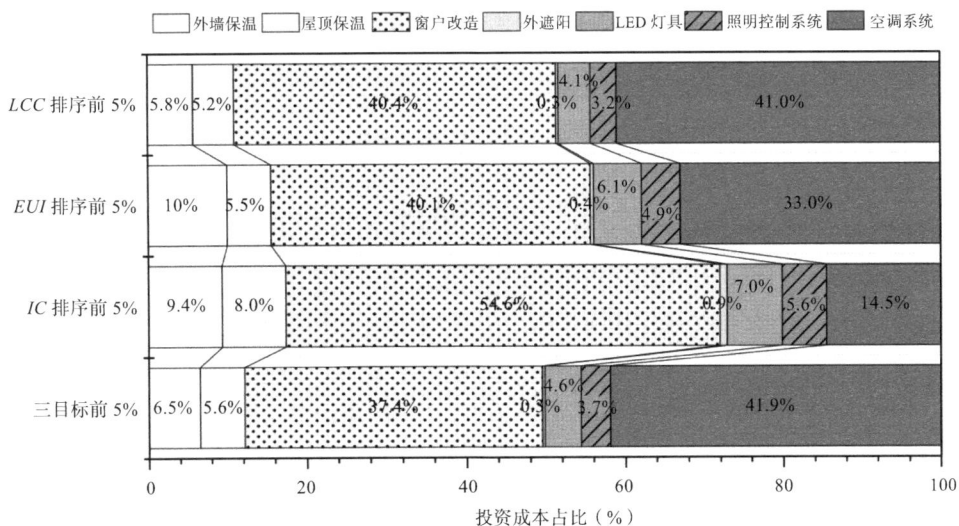

图 4-35 单目标和多目标前 5% 最优解的初始投资占比

4.4.2 考虑光伏铺设的改造情景

（1）初始投资预算小于 300 元 /m² 的改造策略

基于 4.3.2 中"初始投资预算小于 300 元 /m²"的优化情景，可以得到预算在

300 元 /m² 以内的所有帕累托前沿解集方案。在屋顶光伏铺设面的选择上，有约 87% 的方案选择在南侧屋面铺设最大可铺设面积的光伏（图 4-36）。可见，相对于墙面，由于屋面太阳辐射强度较高，且成本相对较低，具有更高的性价比。在屋面铺设位置上，解集选择了太阳辐射强度较高的南侧屋面，东侧屋面受到突出屋面楼梯间的遮挡影响，北侧屋面由于高度低而受到建筑自遮挡的影响较大，帕累托前沿解集的优化结果和实际情景相符，说明精细化建模的准确性能够较好地指导工程实践。结果表明，在光伏铺设的选择上应优先选择在南侧屋面铺设，且在预算高于 250 元 /m² 时，应选择铺设尽可能大的南侧屋面面积（优化模型中南侧屋面面积的 60% 约为 170m²），当南侧屋面可铺设面积不足或受限时，则可以考虑在东侧屋顶铺设（优化模型中东侧屋面面积的 10% 约为 20m²），最后为北侧屋顶。

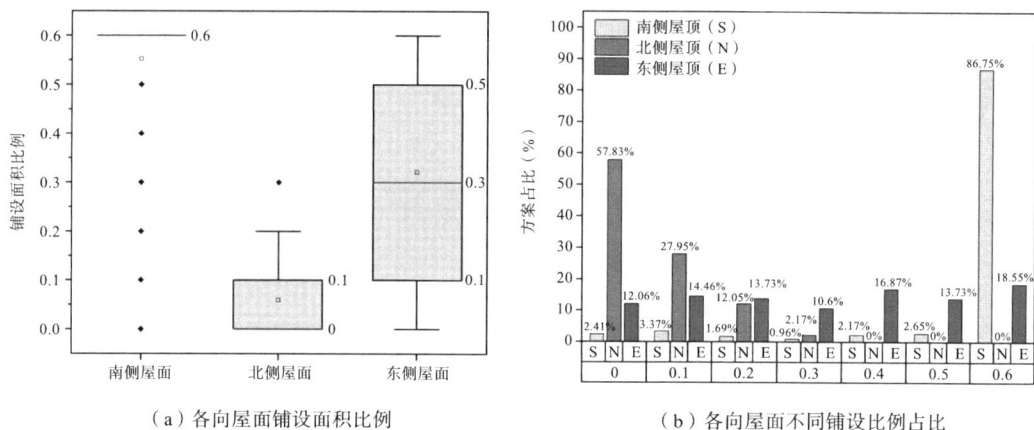

（a）各向屋面铺设面积比例　　　　　（b）各向屋面不同铺设比例占比

图 4-36　IC <300 元 /m² 时的光伏铺设情况

综上所述，采用式（3-11）计算并排序获得初始成本在 300 元 /m² 以下时，三目标排序前 5% 的最优方案进行分析，得出综合考虑光伏利用、初始预算在 300 元 /m² 以内时推荐的改造投资方案（表 4-17）。可以看出，在满足标准要求的围护结构性能参数后，方案优先在南侧屋面铺设光伏系统，空调能效为 3 级，应尽量更换所有教室的灯具为 LED 节能灯具。

（2）初始投资预算在 300 ~ 430 元 /m² 的改造策略

基于本书 4.3.2 中"初始投资预算在 300 ~ 430 元 /m²"的优化情景，可以得到预算在 300 ~ 430 元 /m² 的所有帕累托前沿解集方案。分析 300 元 /m²< IC <430 元 /m² 时的光伏铺设方案（图 4-37），发现在投资成本高于 380 元 /m² 时，几乎解集的各屋面光伏铺设比例均达到了可铺设面积的 100%；如图 4-37 所示，在墙面光伏铺设中，南向外侧墙面和南向内院墙面铺设比例最高，分别有 86% 和 75% 的方案选择了最大可铺设面积，其次为东向外侧墙面，有 43% 的方案选择了可铺设面积的 50% 以上，

初始预算在 300 元 /m² 以内时推荐的改造投资方案　　　　　表 4-17

改造措施	优化变量	设计参数	性能参数
M4	北窗墙比	0.36	—
	东窗墙比	0.18	—
	南窗墙比	0.28	—
	西窗墙比	0.15	—
M5	走廊内窗	不更换	K=3.5W/（m²·K），$SHGC$=0.5
	北窗	窗型 1	K=2.6W/（m²·K），$SHGC$=0.5
	东窗	窗型 2	K=2.4W/（m²·K），$SHGC$=0.37
	南窗	窗型 1	K=2.6W/（m²·K），$SHGC$=0.5
	西窗	窗型 2	K=2.4W/（m²·K），$SHGC$=0.37
M6	屋顶	60mm PU	K=0.4W/（m²·K）
M7	北外墙	20mm XPS	K=0.8W/（m²·K）
	东外墙	20mm XPS	K=0.8W/（m²·K）
	南外墙	20mm XPS	K=0.8W/（m²·K）
	西外墙	20mm PU	K=0.74W/（m²·K）
M8	西向综合遮阳	0	—
	南向水平遮阳	0.6 ~ 0.7m	—
M9	空调能效等级	3 级	APF=3.5
M10	LED 替换方案	方案 Ⅰ 或 Ⅱ	—
M11	设置或不设置	设置	—
M14	屋面铺设光伏	南侧屋面可铺设面积的 100%	—
		北侧屋面 10% 以下	—
		东侧屋面 50% 以上	—
M15	墙面铺设光伏	—	—
LCC（kgCO₂/m²）		420	—
$sEUI$（kWh/m²）		20.72（节能率 51%）	—
IC（元 /m²）		280	—

东向内院墙面则约有 19% 的方案选择了可铺设面积的 20%，西向外侧墙面有 17% 的方案选择了可铺设面积的 5%。北向墙面几乎没有方案进行光伏铺设。结果表明，在初始投资成本超过 380 元 /m² 时，建议在所有屋面铺设最大可铺设面积的光伏，墙面光伏则优先选择在南向墙面铺设，其次为东向墙面和西向墙面，不考虑北向外墙的光伏铺设。

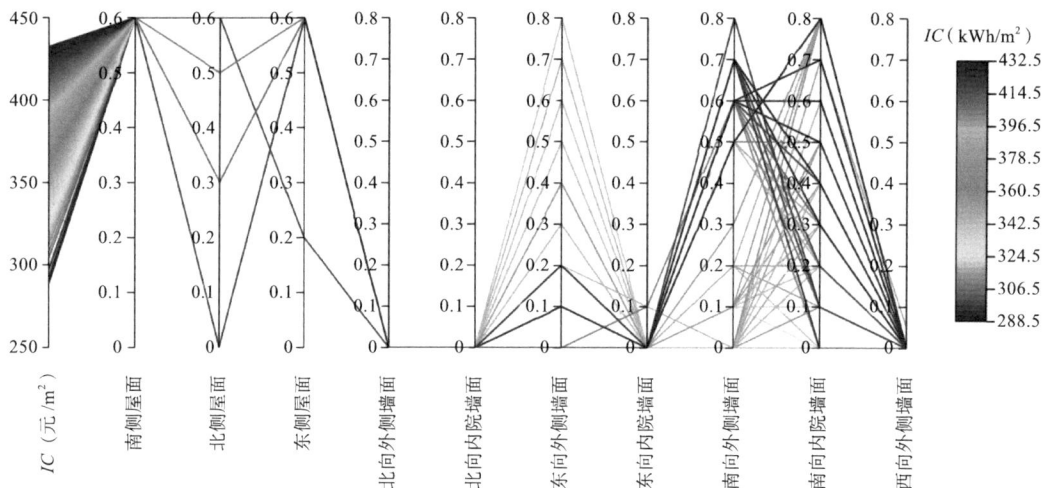

图 4-37 300 元 /m² < *IC* < 430 元 /m² 时的光伏铺设方案

综上所述，采用式（3-11）计算并排序获得初始成本在 300 ~ 430 元 /m² 时三目标排序前 5% 的最优方案进行分析，得出综合考虑光伏利用、初始预算在 300 ~ 430 元 /m² 的改造投资方案（表 4-18）。

初始预算在 300 ~ 430 元 /m² 的改造投资方案　　　　　　表 4-18

改造措施	优化变量	设计参数	性能参数
M4	北窗墙比	0.36	—
	东窗墙比	0.18	—
	南窗墙比	0.28	—
	西窗墙比	0.15	—
M5	走廊内窗	不更换	K=3.5W/（m²·K），$SHGC$=0.5
	北窗	窗型 1	K=2.6W/（m²·K），$SHGC$=0.5
	东窗	窗型 2	K=2.4W/（m²·K），$SHGC$=0.37
	南窗	窗型 1	K=2.6W/（m²·K），$SHGC$=0.5
	西窗	窗型 3	K=2.2W/（m²·K），$SHGC$=0.37
M6	屋顶	60mm XPS	K=0.4W/（m²·K）
M7	北外墙	20mm XPS 或 PU	K=0.74-0.8W/（m²·K）
	东外墙	20mm XPS 或 PU	K=0.74-0.8W/（m²·K）
	南外墙	20mm PU	K= 0.74W/（m²·K）
	西外墙	20mm PU	K=0.74W/（m²·K）
M8	西向综合遮阳	0.1m	—
	南向水平遮阳	0.5 ~ 0.8m	—
M9	空调能效等级	3 级	APF=3.5

续表

改造措施	优化变量	设计参数	性能参数
M10	LED 替换方案	方案 Ⅱ	—
M11	设置或不设置	设置	—
M14	屋面铺设光伏	南侧屋面可铺设面积的 100%	—
		北侧屋面可铺设面积的 100%	—
		东侧屋面可铺设面积的 100%	—
M15	墙面铺设光伏	东向外侧墙面 10%	—
		南向外侧墙面 60%~70%	—
		南向内院墙面 40%~50%	—
LCC（kgCO$_2$/m^2）		303	
$sEUI$（kWh/m^2）		10.11（节能率 77%）	
IC（元 /m^2）		417	

（3）初始投资预算在 430 元 /m^2 以上的改造策略

基于本书 4.3.2 中"初始投资预算在 430 元 /m^2 以上"的优化情景，可以得到预算在 430 元 /m^2 以上的优化结果。

分析 IC >430 元 /m^2 时的光伏铺设方案（图 4-38），发现在初始投资成本超过约 620 元 /m^2 时，已达到零能耗；在初始投资成本超过约 650 元 /m^2 时，除了北向和西向墙面，所有屋面和墙面铺设了最大可铺设面积的光伏；在初始投资成本超过约 800 元 /m^2 时，除北向墙面，所有屋面和墙面铺设了最大可铺设面积的光伏；在初始投资成本超过 940 元 /m^2 时，几乎所有的墙面和屋面均铺设了最大可铺设面积的光伏，之后投资向围护结构性能的提升倾斜，尤其提升了南向外墙及北向和东向外窗的性能参数，这主要是由于北向和东向的窗墙比较大。结果表明了光伏巨大的节能和减

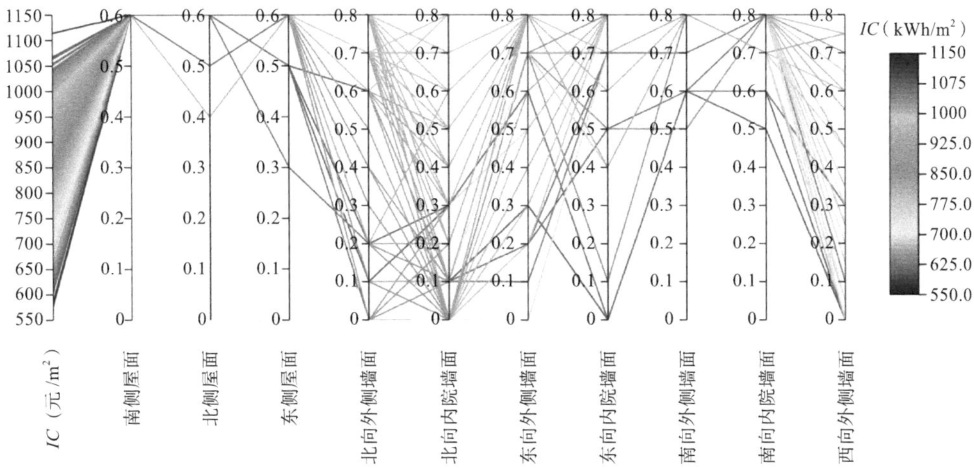

图 4-38 IC >430 元 /m^2 时的光伏铺设方案

碳潜力，在围护结构满足标准限值后，只有在光伏铺设达到最大铺设面积时，投资成本才会向围护结构倾斜。

综上所述，采用式（3-11）计算并排序获得初始成本在 430 元 /m² 以上时三目标排序前 5% 的最优方案进行分析，得出综合考虑光伏利用、初始预算在大于 430 元 /m² 时的改造投资方案如表 4-19 所示。

初始预算在大于 430 元 /m² 时的改造投资方案　　表 4-19

改造措施	优化变量	设计参数	性能参数
M4	北窗墙比	0.36	—
	东窗墙比	0.18	—
	南窗墙比	0.28	—
	西窗墙比	0.15	—
M5	走廊内窗	不更换	$K=3.5W/（m^2 \cdot K）$，$SHGC=0.5$
	北窗	窗型 1	$K=2.6W/（m^2 \cdot K）$，$SHGC=0.5$
	东窗	窗型 2	$K=2.4W/（m^2 \cdot K）$，$SHGC=0.37$
	南窗	窗型 1	$K=2.6W/（m^2 \cdot K）$，$SHGC=0.5$
	西窗	窗型 3	$K=2.2W/（m^2 \cdot K）$，$SHGC=0.37$
M6	屋顶	60mm XPS	$K=0.4W/（m^2 \cdot K）$
M7	北外墙	20mm PU	$K=0.74W/（m^2 \cdot K）$
	东外墙	20mm PU	$K=0.74W/（m^2 \cdot K）$
	南外墙	20mm PU	$K=0.74W/（m^2 \cdot K）$
	西外墙	20mm PU	$K=0.74W/（m^2 \cdot K）$
M8	西向综合遮阳	0.1 ~ 0.2m	—
	南向水平遮阳	0.3 ~ 0.4m	—
M9	空调能效等级	1 级	$APF=4.5$
M10	LED 替换方案	方案 Ⅱ 或 Ⅲ	—
M11	设置或不设置	设置	—
M14	屋面铺设光伏	除北向墙面外，所有可铺设面铺设最大可铺设面积	—
M15	墙面铺设光伏		—
LCC（kgCO$_2$/m²）			37
$sEUI$（kWh/m²）			−15.38（节能率 134%）
IC（元 /m²）			955

（4）不同预算范围内改造投资策略对比

对比不同预算范围的三目标前 5% 最优解的优化目标平均值（图 4-39），发现随着初始投资成本的增加，*LCC* 和 *sEUI* 明显减小，尤其是初始投资成本在 430 元 /m² 以上的最优解集，其平均投资成本在 950 元 /m² 以上，平均节能率大幅上升至 134%，光伏产能远大于建筑本体能耗。

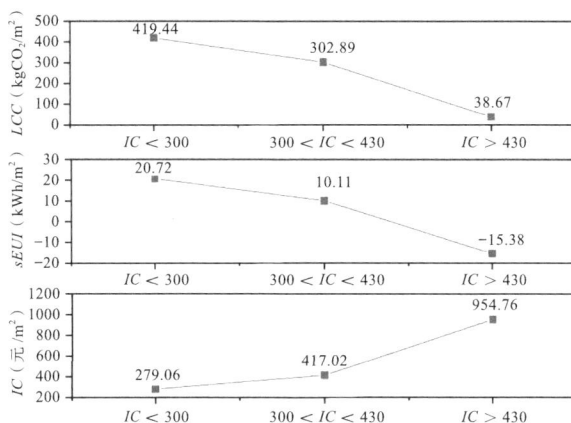

图 4-39　不同预算范围的三目标前 5% 最优解的优化目标平均值

分析不同预算范围前 5% 最优解初始投资成本占比情况（图 4-40），可以看出，随着投资预算的增加，围护结构的投资占比逐渐降低，光伏系统逐渐增加且幅度很大，当综合考虑可再生能源和建筑本体改造时，在保证围护结构（外墙、屋面、外窗）满足标准限值后，解集总是优先投资光伏系统。在预算大于 430 元 /m² 时，光伏投资占比可达到 60% 以上。

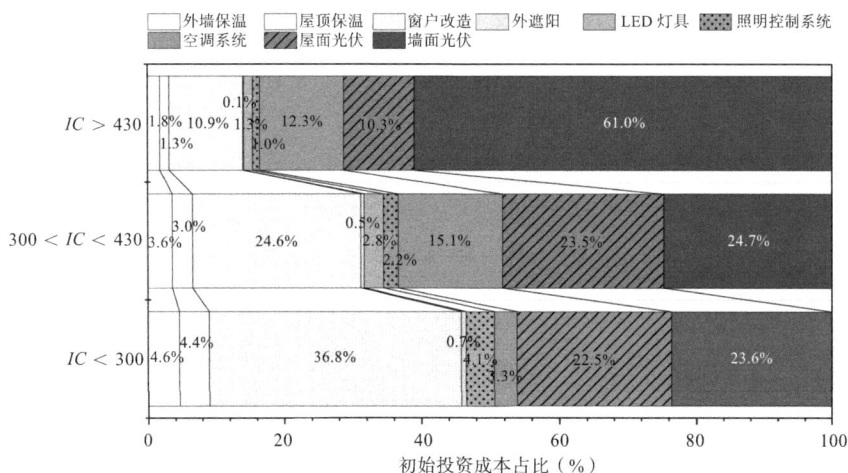

图 4-40　不同预算范围前 5% 最优解初始投资成本占比情况

进一步分析不同预算范围内前 5% 最优解的改造设计参数取值，发现随着预算增加，外墙和屋面保温的提升幅度较小，在 7% 左右，西向外墙和屋顶保温进行 优先提升；在更换窗型的选择上，走廊内窗均不更换，北向和南向外窗均选择窗型 1，东向和西向外窗有明显的性能提升，在改造中应优先更换性能较高的节能窗型（窗型 2 或更优窗型）；在窗墙比上，几乎所有方案不改变窗墙比；在外遮阳设置上，南向水平遮阳深度随预算增加有下降趋势，预算在 430 元 /m² 时，可设置在 600mm 以上，而随着预算进一步增加，推荐设置在 300mm 以上，更多的投资用于光伏系统。西向综合遮阳深度随着成本增加呈现上升趋势，预算在 300 元 /m² 以内时不设置，预算更高时设置为 100 ~ 200mm；在建筑设备上，至少更换主要功能教室的灯具（即方案 II 或方案 III），预算充足时，更换办公室和公共空间的所有灯具，建议始终采用照明控制系统，空调设备采用 3 级能效，在预算大于 430 元 /m² 时建议采用 1 级能效；在光伏系统的铺设上，预算在 300 元 /m² 以下时，优先在南侧屋面铺设，其次为东侧屋面和西侧屋面，预算在 300 ~ 430 元 /m² 时，屋面可选择铺设最大面积，并优先在南向墙面铺设，其次为东向和西向墙面，最后为北向墙面。

4.4.3 小结

本章基于本书 4.3 的不同改造情景的优化结果，分别提出了不考虑光伏铺设和考虑光伏铺设两种情景下的改造设计策略，其中，不考虑光伏铺设的改造情景分别对不同单目标和多目标最优解进行了对比分析，考虑光伏铺设的改造情景则通过划分不同预算范围分别给出对应的最优改造策略并分析其变化规律，本章主要的研究结果如下：

（1）不考虑光伏铺设的改造情景

在优化目标平均值方面，IC（初始投资成本）最优解的全生命周期碳排放和建筑能耗平均值均为最高；EUI（建筑本体能耗）最优解的初始投资成本最高；三目标最优解的优化结果和 LCC（全生命周期碳排放）最优解接近，但三目标最优解的优化目标函数值结果均优于 LCC 最优解。

在具体改造措施方面，在外墙和屋顶保温上，北向保温均仅推荐满足标准最低限值，EUI 为优先目标时推荐首先加强南向外墙保温；在更换窗型的选择上，走廊内窗可不更换，东向和西向外窗应优先更换性能较高的节能窗型；在窗墙比上，不推荐改变窗墙比，在 EUI 为优先目标时，可适当扩大西向外窗；在外遮阳上，南向水平遮阳深度推荐在 200mm 以上，在以 EUI 或 IC 为优先目标时可增加至 500 ~ 600mm，而西向综合遮阳深度推荐在 100 ~ 200mm 或不设置，这是由于教学楼 A 西向主要功能为楼梯间、卫生间等公共空间，对光热环境要求低，投资性价比不高；在建筑设备更新上，应至少更换主要功能教室的灯具，预算充足时，更换办公室和公共空间的所有灯具，建议始终采用照明控制系统，空调设备推荐采用 1 级能效，而在 *IC* 为优先目标或预算不足时可更换 3 级能效空调或不更换。

（2）考虑光伏铺设的改造情景：

在优化目标平均值方面，随着预算的增加，*LCC* 和 *sEUI*（建筑综合能耗）均呈现明显减小趋势。

在具体改造措施的采用方面，随着预算增加，外墙和屋面保温的提升幅度 7% 左右，西向外墙和屋顶保温应优先提升；在更换窗型的选择上，走廊内窗推荐不更换，东向和西向外窗在改造中应优先更换性能较高的节能窗型（窗型 2 或更优窗型）；在窗墙比上，推荐不改变窗墙比；在外遮阳设置上，南向水平遮阳深度随预算增加有下降趋势，预算在 430 元 /m² 时，可设置在 600mm 以上，随着预算进一步增加，可设置在 300mm 左右，更多的投资用于光伏系统，西向综合遮阳深度随着成本增加呈现上升趋势，预算在 300 元 /m² 时可不设置，推荐设计区间为 100 ~ 200mm；在建筑设备更新上，应至少更换主要功能教室的灯具（即方案 Ⅱ 或方案 Ⅲ），预算充足时，更换办公室和公共空间的所有灯具，建议始终采用照明控制系统，空调设备建议采用 3 级能效，在预算大于 430 元 /m² 时建议采用 1 级能效；在光伏系统的铺设上，优先选择太阳辐射强度较大的铺设面，预算在 300 元 /m² 以下时，优先在南侧屋面铺设，其次为东侧屋面和西侧屋面，不进行墙面铺设，预算超过 300 元 /m² 时，屋面可选择铺设最大面积，并优先在南向墙面铺设，其次为东向和西向墙面，最后为北向墙面。

第 **5** 章

既有建筑绿色低碳改造环境效益评价

既有建筑绿色低碳改造环境效益评价是指通过系统化、科学化的方法，对既有建筑在绿色低碳改造过程中及完成后产生的生态、资源、能源及环境质量改善效果进行量化分析与综合评估的过程。其核心目标是衡量改造措施对减少碳排放、节约资源、改善生态环境、提升人居健康等方面的实际贡献，改造方案的优化和决策提供依据。评价方法通常基于多指标综合评价体系（如 LEED-ND、BREEAM 等），结合全生命周期分析（LCA）、碳足迹核算等工具，通过定量与定性相结合的方式，全面反映改造项目的环境可持续性。具体而言，该评价涵盖两个维度：

（1）改造负荷评价：聚焦绿色低碳改造全过程中新增的环境负荷与碳排放效应。基于全生命周期理论，该部分包括物化阶段（材料生产、运输与施工）、使用阶段（运行期能耗变化与碳减排）、拆除阶段（未来废弃物处理与机械能耗）三个阶段的碳排放核算，并引入碳排放强度、减碳效率与碳回收时间（CPBT）等指标对不同技术路径进行横向比较。

（2）环境质量评价：关注改造后建筑环境品质的提升效果。以安全性、健康性、舒适性、便利性与归属感为五大评价维度，通过主客观融合的指标体系，对改造前后的环境质量变化进行系统评估。具体方法包括采用层次分析法（AHP）确定各指标权重，通过实地调研、问卷调查和模拟建模相结合的方式获取评价数据，并依据评价结果分析各类改造措施对建筑环境质量的贡献度。

5.1 改造环境负荷评价方法

5.1.1 碳排放计算模型

（1）系统边界确定

本碳排放计算模型适用的对象为城市地理边界内的既有建筑绿色低碳改造措施

的碳排放影响，涵盖景观绿化、建筑单体、水资源、固废物和基础配套等住区的五大系统，包括由于改造所新增的物化和拆除阶段的碳排放，以及使用阶段产生的碳排放影响。系统边界如图 5-1 所示：①既有物化阶段，包括改造所需材料生产、运输和现场施工产生的碳排放；②既有使用阶段，指既有建筑改造对使用过程的碳排放影响，涵盖景观绿化、建筑单体、水资源、固体废弃物和基础配套设施五个方面，这是根据城市区域构成特征、文献调研和碳排放因子的分类方式确定的类别[149, 150]，由于现下既有建筑的改造内容几乎不涉及居民交通出行的碳排放改变，故不纳入核算范围；③拆除阶段，包括改造新增内容的拆除施工、废弃物运输和处理产生的碳排放。

核算年限为建筑的剩余使用年限，即：核算年限 = 建筑建造使用年限（50 年）－改造时建筑已使用年限

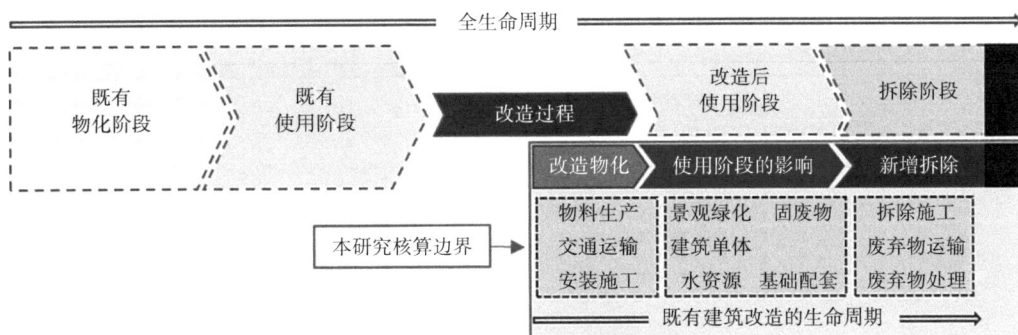

图 5-1　核算的过程边界

（2）基础核算方法

本书采用排放因子法（Emission-Factor Approach）进行核算，排放因子法是IPCC 提出的第一种碳排放方法，也是目前广泛应用的方法[151]，核算公式如下：

$$E = \sum AD_i \times EF_i \tag{5-1}$$

式中，E——CO$_2$ 排放量（kgCO$_2$）；

　　AD——活动水平数据，活动水平数据量化了造成温室气体排放的活动，例如：居民生活用电量、绿地面积等；

　　EF——排放因子，即每一单位活动水平所对应的 CO$_2$ 排放量，例如：kgCO$_2$/kWh，kgCO$_2$/m^2 草地面积等。

（3）碳排放影响核算清单

碳排放核算清单的梳理方法主要基于全生命周期评价（LCA）理论，通过系统识别既有建筑改造全过程中各类活动所涉及的碳源与碳汇，构建涵盖物化、使用与

拆除各阶段的碳排放项目清单。该过程首先依据实际改造工程及政策技术导则，对改造内容进行系统分类，一般包括建筑单体、景观绿化、水资源利用、固体废弃物处理与基础配套设施等五大系统。其次，结合文献资料、现场调研与专家访谈等方式，识别各类改造措施所涉及的主要材料、能源消耗形式、施工工艺与使用行为，明确其在不同阶段可能产生的直接或间接碳排放项。最后，参考国家与行业标准中的排放因子及实际工程数据，建立具有针对性和可操作性的碳排放核算清单，为后续排放量计算与改造技术优选提供数据基础与结构框架。本书以住区为例，进行碳排放影响核算清单的梳理如下：

1）改造技术清单梳理

结合相关行业标准、文献[152,153]以及11个实际改造工程，从景观绿化、建筑单体、水资源、固废物和基础配套等方面梳理了夏热冬冷地区改造技术清单，如表5-1所示。

夏热冬冷地区改造技术清单 表5-1

类别	改造项目	子项	类别	改造项目	子项
景观绿化	绿化增设	路面绿化增设	固废物	环卫设施	垃圾回收处理
		立体绿化增设			生活垃圾收集点增设
	景观改造	景观小品增设	基础配套	电气设施	管线整治
		口袋公园改造			充电设施完善
建筑单体	安全改造	建筑结构及防雷		照明设施	路灯更换/增设
		违规违建整治			景观灯增设
	围护结构修缮	屋面修缮		安防设施	智能化设施（监控系统、门禁）增设
		外墙修缮			岗亭增设
	立面美化	外饰面美化		消防设施	应急照明灯增设
		更新单元门头			微型消防站完善
	电梯改造	电梯更换		道路交通	路面修补
		电梯增设			路网梳理
	围护结构节能改造	屋顶/外墙/窗户节能性能优化		停车设施	路面停车改造
		遮阳设施增设/更换			停车库增设
	可再生能源利用	太阳能热水增设		无障碍设施	无障碍坡道改造
		太阳能光伏增设			无障碍公厕改造
	楼道整治	节能灯具更换/增设		海绵城市建设	透水铺装改造
		楼道美化			下沉式绿地改造
	配套用房完善	物业/社区用房增设		休闲健身配套	健身设施增设
		其他公服用房增设			活动场地改造

续表

类别	改造项目	子项	类别	改造项目	子项
建筑单体	养老幼托设施	养老设施增设	基础配套	生活设施	信报箱及快递设施改造
		幼托设施增设			文化宣传栏改造
水资源	给水排水设施	非传统水源利用		小区形象打造	特色雕塑、大门改造
		管网改造			围墙形象提升

2）碳排放影响核算清单

根据表 5-1 的改造措施，建立了既有住区更新改造的碳排放影响核算清单如图 5-2 所示。改造措施主要集中在建筑单体的改造和基础配套的改造上，包括墙面、屋顶、楼道的整治、配套设施的完善等；景观绿化、固废物和水资源方面也有相应改造。清单内的改造措施的碳排放影响在使用阶段存在减碳、增碳和无影响三种类型，诊断结果在图中进行了标注；多数措施在物化和拆除阶段都有增碳影响。使用阶段减碳的措施包括增设各类绿化、各项围护结构节能改造、各项可再生能源利用等；使用阶段增碳的措施多为电耗设施的完善，如增设电梯、养老幼托设施、安防设施等；使用阶段无影响的措施包括景观小品及口袋公园修建、结构加固、屋面修缮等建设类改造。

图 5-2　既有住区更新改造的碳排放影响核算清单

5.1.2 碳排放影响评估

本章节从物化阶段（改造相关物料的生产、运输和现场施工）、使用阶段（改造措施对使用阶段碳排放的改变量）和拆除阶段（拆除施工、废弃物运输和处理）三个方面来核算改造过程对小区碳排放的影响。通过对各项改造措施在三个阶段造成的碳排放影响对改造活动进行评价。各改造措施对小区碳排放的影响 ER 为：

$$ER = ER_{\mathrm{ma}} + ER_{\mathrm{op}} + ER_{\mathrm{de}} \qquad (5\text{-}2)$$

式中，ER_{ma}——物化阶段的碳排放影响（$kgCO_2$）；

$\qquad ER_{\mathrm{op}}$——使用阶段的碳排放影响（$kgCO_2$）；

$\qquad ER_{\mathrm{de}}$——拆除阶段的碳排放影响（$kgCO_2$）。

（1）物化阶段的碳排放影响

物化阶段的碳排放包括改造所需的物料生产阶段的耗能和材料加工中释放的 CO_2；物料运输过程中运输工具动力消耗产生的 CO_2；改造施工中各类机械设备运行的能耗产生的碳排放[154]。各措施在物化阶段的碳排放 ER_{ma} 的具体计算公式如下：

$$ER_{\mathrm{ma}} = Em + Et + Ec \qquad (5\text{-}3)$$

式中，ER_{ma}——物化阶段的碳排放影响（$kgCO_2$）；

$\qquad Em$——物料生产碳排放（$kgCO_2$）；

$\qquad Et$——物料运输碳排放（$kgCO_2$）；

$\qquad Ec$——安装施工阶段碳排放（$kgCO_2$）。

表 5-2 展示了物化阶段的碳排放因子，包括各生产和施工过程，其中运输过程的碳排放因子见表 5-2。

物化阶段的碳排放因子[173]

表 5-2

过程	名称	碳排放因子	单位
生产阶段	水泥	735	$kgCO_2/t$
	C30 混凝土	295	$kgCO_2/m^3$
	混凝土砖	336	$kgCO_2/m^3$
	铸造生铁	2280	$kgCO_2/t$
	普通碳钢	2050	$kgCO_2/t$
	水泥砂浆	792	$kgCO_2/t$
	电解铝	20300	$kgCO_2/t$
	塑钢窗	121	$kgCO_2/m^2$
	断热铝合金窗	200	$kgCO_2/m^2$
	聚乙烯管	3600	$kgCO_2/t$

过程	名称	碳排放因子	单位
生产阶段	岩棉板	1980	kgCO$_2$/t
	玻璃	1130	kgCO$_2$/t
	油漆	3600	kgCO$_2$/t
运输方式	柴油货车（10t）	0.162	kgCO$_2$/（t·km）
	汽油货车（10t）	0.104	
	电力机车（铁路）	0.010	
施工机械	履带式推土机（105W）	233.1	kgCO$_2$/台班

1）建筑材料生产与运输的碳排放

建材生产阶段的碳排放来源于开采及生产过程的能耗和碳源转化两部分，在选择碳排放因子时应包含这两个部分，核算公式如下：

$$Em = \sum M_i \times CF_i \qquad (5\text{-}4)$$

式中，CF——该材料的碳排放因子；

　　　　i——某种改造措施中涉及的材料类型；

　　　　M——材料消耗量（t 或 m³），可通过改造的预算清单或者咨询改造单位获取。需要注意的是，在生产阶段，由于目前研究中的碳排放因子主要针对的是各种材料而非物品，所以一些措施涉及的物料如灯具、太阳能热水系统、光伏发电系统、电梯等，需要对其主要构件的材料类型和质量进行掌握。

2）物料运输产生的碳排放

物料运输产生的碳排放与运输方式有关，计算如下：

$$Et = \sum m_i \times CT_i \times L_i \qquad (5\text{-}5)$$

式中，i——物料种类；

　　　 m——物料的质量（kg）；

　　 CT——该物料运输方式的碳排放因子（表 5-2）；

　　　 L——运输距离（km）。各项改造措施使用的物料种类及数量通过改造的预算清单或者咨询改造单位获取，物料运输距离和方式通过联系采购单位进行收集。如果难以获取，可参考《建筑碳排放计算标准》GB/T 51366—2019[125]，混凝土的默认运输距离值为 40km，其他建材的默认运输距离值为 500km。

3）拆除施工产生的碳排放量

按照改造过程中使用的机械种类和台班数，可计算拆除施工排放量 Ec：

$$Ec = \sum N_i \times CJ_i \qquad (5\text{-}6)$$

式中，i——机械种类；

    N——各类机械台班数量（台班），通过咨询改造施工单位获取；

    CJ——各类机械的碳排放因子，见表 5-2。

（2）使用阶段的碳排放影响

根据图 5-2，在使用阶段，部分改造措施将对碳排放表现出积极的影响，同时也存在一些提升生活品质的增碳措施。为了衡量改造措施在使用阶段产生的碳排放影响，首先需要确定使用阶段的碳排放清单，并对建筑在改造前的使用阶段碳排放进行评估。随后，根据清单，收集对使用阶段碳排放有影响的改造活动水平数据，并对其环境影响进行评估。

1）使用阶段的碳排放核算

使用阶段的碳源/汇来源于各类绿化的碳汇、建筑单体的能耗（电、暖、气）、水资源的动力消化和碳源转化、固废物处理的动力消耗和碳源转化以及基础配套设施的能耗。图 5-3 展示了建筑使用阶段的核算内容以及数据收集的推荐方式。建筑公共部分的活动水平的收集方式推荐为实地调查以及咨询物业管理部门；建筑室内的数据推荐抽样调研收集；若收集难度大，也可以使用当地统计数据或行业标准值进行估算。

类别	项目	数据收集方式		
		咨询相关部门	实地调研	参考估算
景观绿化	各类绿地面积	设计图纸	实地计量	
建筑单体	住宅户内能耗		抽样入户问卷	
	住宅公区能耗	物业管理部门		
	公共建筑能耗	物业管理部门		
水资源	建筑用水量		抽样入户问卷	
	绿化用水量	物业管理部门		行业标准
	污水处理量			行业标准
	绿色水处理量	物业管理部门		
固废物	固废处理量		实地计量	当地统计数据
	垃圾回收比例		实地计量	当地统计数据
基础配套	市政设施能耗	物业管理部门		
	配套设施能耗	物业管理部门		

图 5-3　建筑使用阶段的核算内容以及数据收集的推荐方式

使用阶段碳排放的核算公式如下：

$$E_{\text{former}} = \sum Q_i \times CU_i \tag{5-7}$$

式中，E_{former}——既有建筑使用阶段的年碳排放（$kgCO_2/a$）；

　　　　Q——清单内各项活动的水平数据；

　　　　CU——排放因子，使用阶段所涉及的碳排放因子如表 5-3 所示，包括商品
　　　　能源、景观绿化、水资源和废弃物处理几个方面。

使用阶段所涉及的碳排放因子

表 5-3

类别	名称		碳排放因子	单位
商品能源	标煤 EF0[155]		2.75	$kgCO_2/kgce$
	热力 EFh[156]		1.90 ~ 2.70[a]	$kgCO_2/kgce$
	火电电力 EFel[157]		0.53 ~ 0.88[b]	$kgCO_2/kWh$
	天然气 EFg[158]		2.00	$kgCO_2/m^3$
景观绿化	大小乔木密植混种区 EFtree		−22.5	$kgCO_2/m^2$
	密植灌木丛 EFshrub		−5.13	
	草坪 EFlawn[159]		−0.02	
水资源	给水 FEW1		0.3	$kgCO_2/m^3$
	污水	动力消耗 FEW2	0.25	
		碳源转化 FEC2	0.55 ~ 0.85	
	非传统水源	动力消耗 FEW3	0.10 ~ 0.25	
		碳源转化 FEC3	0.10 ~ 0.55	
固废物	生活垃圾焚烧 EFburning[160]		0.56	$kgCO_2/kg$
	厨余垃圾堆肥 EFcompost		0.33	
	废弃物填埋 EFlandfill		0.91	
	垃圾焚烧发电 EFlandfill		0.32	

注：[a] 热力排放因子在不同城市有不同的值；
　　[b] 电力排放因子在不同地区有不同的值。

2）改造的使用阶段碳排放影响核算

图 5-4 展示了常见改造措施中会对运营使用阶段的碳排放造成影响的措施，并梳理了其所需收集的活动水平数据及其收集方式。多项数据可通过改造设计施工部门提供的文件如规划文本、设计图纸及预算文件等获取；围护结构改造的节能率可利用能耗模拟软件进行模拟获取；部分数据可以参考当地统计数据或者行业标准值进行估算。

类别	详细改造内容	所需活动水平数据	数据收集方式		
			改造规划文件	能耗模拟	参考估算
景观绿化	路面/立体绿化增设	增设绿化面积	设计图纸		
建筑单体	违规违建整治	拆除面积	规划文本		
	电梯更换/增设	电梯数量及功率	预算文件		
	屋顶/外墙/窗户节能性能优化	节能率	规划文本	能耗模拟	
	遮阳设施增设/更换	节能率	规划文本	能耗模拟	
	太阳能热水增设	承担比例	规划文本		
	太阳能光伏增设	年发电量	规划文本	能耗模拟	行业标准值
	节能灯具更换/增设	灯具数量及功率	预算文件		
	物业/社区用房增设	新增能耗	规划文本	能耗模拟	
	其他公服用房增设	新增能耗	规划文本	能耗模拟	
	养老幼托设施增设	新增能耗	预算文件		
水资源	非传统水源利用	利用率	规划文本		
	管网改造	节水量/降水量	规划文本		行业标准值
固废物	垃圾回收处理	回收率			当地统计数据
基础配套	路灯更换/增设	灯具数量及功率	预算文件		
	景观灯增设	新增能耗			
	智能化设施（监控系统、门禁）增设	新增能耗	预算文件		
	岗亭增设	新增能耗		能耗模拟	
	应急照明灯增设	灯具数量及功率	预算文件		
	停车库增设	新增能耗		能耗模拟	
	无障碍公厕改造	新增能耗		能耗模拟	
	下沉式绿地增设	增设绿化面积	设计图纸		

图 5-4 对运营使用阶段的碳排放造成影响的措施和所需收集的活动水平数据及其收集方式

该阶段的具体的核算公式为：

$$\Delta E = \sum \Delta Q_i \times CU_i \tag{5-8}$$

式中，ΔE——使用阶段的 CO_2 排放改变量（$kgCO_2/a$）；

ΔQ——各项措施活动水平改变量，如室内电耗变化量、乔木面积变化量等；

CU——排放因子，具体数据见表 5-3。

（3）拆除阶段的碳排放影响

拆除阶段的碳排放主要来源为拆除现场各种机械的能耗导致的碳排放、废弃物的运输和处理产生的碳排放[1]。对于大部分不回收的建材，拆除后将被运往垃圾处理场露天堆放或填埋；而可回收的建材则需要进行再加工。本书所讨论的是改造附加的拆除碳排放，即改造新增的拆除施工、废物运输处理或回收再处理导致的排放。

各措施在拆除阶段的碳排放 ER_{de} 的具体计算公式如下：

$$ER_{de} = Ec + Et + Er \tag{5-9}$$

式中，Ec——拆除施工的碳排放（$kgCO_2$）；

Et——废物运输的碳排放（$kgCO_2$）；

Er——回收处理的碳排放（$kgCO_2$）。

1）拆除施工过程中的碳排放

拆除施工的碳排放除了按照机械台班进行计算，也可以根据各施工工艺的工程量进行施工排放量 Ec 计算[150]：

$$Ec = \sum P_i \times CP_i \qquad (5\text{-}10)$$

式中，i——施工工艺种类；

CP——拆除施工工艺的碳排放因子（表 5-4）；

P——施工工艺的工程量。拆除阶段的施工工艺可归纳为破碎、构件拆除和填土碾压平整，可通过咨询改造施工单位获取数据。

拆除施工工艺 CP 碳排放因子　　　　　　　　　表 5-4

名称	碳排放因子	单位
破碎、构件拆除	2.52	$kgCO_2/m^3$
填土碾压平整	0.99	$kgCO_2/m^3$
开挖、移除土方	1.05	$kgCO_2/m^3$
原地平整土方	0.11	$kgCO_2/m^3$

2）建筑垃圾运输碳排放

建筑垃圾的一般采用公路运输，运输产生的碳排放与运输方式有关，计算如下：

$$Et = \sum m_i \times CT_i \times L_i \qquad (5\text{-}11)$$

式中，i——运输方式；

CT——运输方式的碳排放因子（表 5-2）；

L——运输距离（km），即至建筑垃圾处理厂的距离；

m——为废弃物料的质量（t）。

3）总拆除阶段产生的碳排放

拆除废弃物料会被直接填埋或回收利用，回收率见表 5-5。无机建筑垃圾的填埋处理中使用施工机械会产生排放；建筑垃圾回收再利用过程的排放也由机械使用产生。

拆除阶段的碳排放计算如下：

$$Er = \sum M_i \times [\alpha_i \times (CR_i - CF_i) + (1 - \alpha_i) \times CL_i] \qquad (5\text{-}12)$$

式中，M——各类建材的拆除量（t），可通过咨询改造施工单位获取数据；

α_i——各类建材的回收系数；

CR——可再生建材再生产过程的碳排放因子（表5-5）；

CF_i——建材生产的碳排放因子；

CL_i——各类建材填埋处理的碳排放因子（表5-5）。

建筑垃圾回收率及处理的碳排放因子[151, 161]　　　　　　表 5-5

材料类型	回收率	回收再利用（$kgCO_2/kg$）	填埋处理（$kgCO_2/kg$）
混凝土	0.55	0.25	0.046
砖	0.55	0.02	0.03
水泥	0.55	0.02	0.02
石灰	0.55	0.02	0.02
砂浆	0.55	0.02	0.02
钢	0.75	0.53	0.03
瓷砖	0.55	0.025	0.018
涂料	0	0.364	2.25
聚合物涂层	0	0.3	2.28
塑料	0.10	0.339	0.02
木头	0.20	0.502	0.05
沥青	0.75	0.3	2.3
石膏	0.55	0.059	0.02
玻璃	0.50	0.02	0.02

5.1.3 碳减排效率评估

（1）改造的整体减碳效率

改造的整体减碳效率可以直接反映出经过了建筑改造的实施后，建筑的碳排放降低的幅度：

$$R = \frac{ER}{E_{former} \times N}$$

（5-13）

式中，ER——既有建筑改造的碳排放影响量（$kgCO_2$）；

E_{former}——改造前建筑的年碳排放量（$kgCO_2/a$）；

N——建筑剩余使用年限（a）。

（2）碳排放强度

建筑的规模不一将导致碳排放量差别很大，因此需要建立一个横向可比较的评价，来提高不同建筑计算结果的可比性[162, 163]。定义单位建筑面积的碳排放影响量作为碳排放强度评价指标可以比较不同用地规模的建筑碳排放：

碳排放强度，即改造对单位建筑面积碳排放的影响：

$$\Delta Ea = ER/A_0 \qquad\qquad (5-14)$$

式中，ER——既有建筑改造的碳排放影响量（$kgCO_2$）；

A_0——为建筑面积（m^2）。

（3）碳回收时间（$CPBT$）分析

为了直观评估各项改造措施的环境有效性，使用碳回收时间（$CPBT$）作为减碳措施的评价指标。改造的拆除和物化阶段的碳排放被定义为 Embodied Carbon[36]。碳回收时间（$CPBT$）是改造的内含碳（M_0）和改造后使用阶段的年碳排放减少量（M_i）的比值。

$$CPBT = M_0/M_i \qquad\qquad (5-15)$$

式中，M_0——各项措施的物化阶段和拆除阶段的碳排放量（$kgCO_2$）；

M_i——各项措施实施后每年使用阶段的碳排放减少量（$kgCO_2/a$）。

5.2 改造环境质量评价方法

5.2.1 品质提升指标体系构建

（1）评价指标的构建原则

1）全面性原则

指标体系应涵盖既有建筑改造的各个方面，包括建筑单体、基础配套、公共服务等，同时也要根据重要性对因子进行一定的筛选。

2）层次性原则

指标体系应层次分明，由宏观到微观，抽象到具体，结构清晰。

3）独立性原则

指标要内涵清晰，相对独立；同一层次的各指标不重叠，有明显差异性，相互不存在因果关系。

4）可操作性原则

指标应在实际操作中应能够被量化，有稳定、可获取的数据来源，易于操作。

5）针对性原则

指标体系应针对改造对既有建筑环境品质提升的效果评价，聚焦主要常用措施对主要环境因子的提升效果。

（2）指标体系框架与指标确定

1961 年，世界卫生组织（WHO）以人类生活行为为基础提出了建筑环境的基本要素，包括"安全性（safety）""健康性（health）""便利性（convenience）"和"舒适性（amenity）"。很多学者参考该划分，围绕建筑环境品质开展了相关研究，梳理了相关研究的因子划分方式如表 5-6 所示，除了以上四个因子外，"可持续性""归属感"的关注度也相对较高，主要是由于绿色发展需求和人文性要求的逐步提升。由于可持续性在质量负荷中有所体现，故本书指标体系从安全性、舒适性、健康性、便利性、归属感五个方面出发，构建适用于多种建筑类型（如办公、商业、居住等）的环境品质评价与提升体系。

因子划分方式 表 5-6

序号	作者	安全性	舒适性	健康性	可持续性	便利性	归属感	功能性	美感	私密性
1	王茜茜[164]	√	√		√	√				
2	舒平等[165]	√	√	√						
3	巨继龙[53]	√	√	√		√				
4	Skalicky V[54]	√	√		√		√	√		
5	刘筱青[166]	√	√	√	√					
6	岳方芳[167]	√	√	√		√		√	√	
7	王常煦[168]	√	√				√			√
8	张文忠[169]	√	√	√						
9	任学慧等[170]	√	√	√		√				

根据文献调研和专家意见对指标体系进行筛选优化，最终建立了包含 5 个一级指标、10 个二级指标和 23 个三级指标的既有建筑改造的品质提升评价体系，如图 5-5 所示，每个一级指标下都有 2 个二级指标，归属感的评判比较单一，故未设三级指标，其他每个二级指标又根据实际情况包含 2~4 个三级指标。

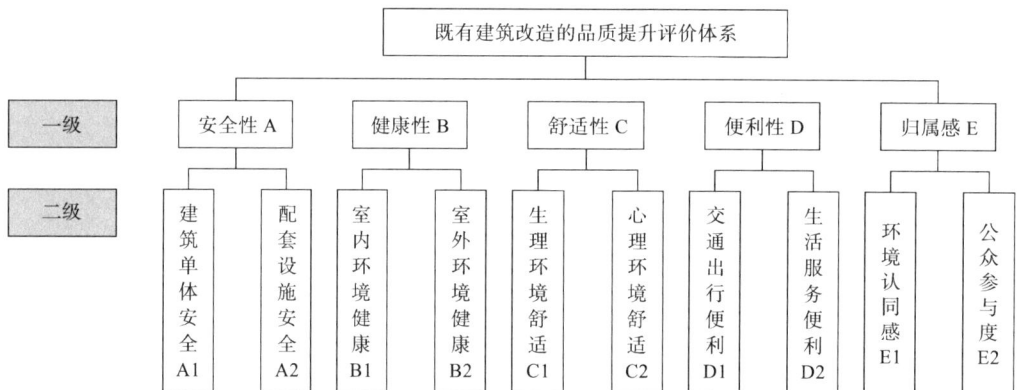

图 5-5 既有建筑改造的品质提升评价体系

以住区为例，我们设置了改造住区的环境品质提升评价指标内容，具体如表 5-7 所示，安全性包括建筑单体和配套设施安全；健康性包括室内环境和室外环境健康；

舒适性包括生理环境和心理环境舒适；便利性包括交通出行和生活服务便利；归属感以住区认同感和公众参与度来评价。本体系与其他研究的最大不同在于聚焦住区的改造，每项三级指标都对应着改造清单的具体措施；一些与居住环境品质有关的指标但在改造中较少或较难涉及，没有被考虑在内，如室内外空气品质的改善等。本体系除了能够对住区环境品质进行评价，还能够掌握每项措施的环境品质提升贡献度。

改造住区的环境品质提升评价指标内容　　　　表 5-7

总目标层	一级指标	二级指标	三级指标	对应措施
环境品质	安全性 A	建筑单体安全 A1	结构和电气 A1-1	结构安全改造，电气设施
			围护结构 A1-2	围护结构修缮
		配套设施安全 A2	道路环境 A2-1	道路交通完善
			监控防护设施 A2-2	安防设施完善
			消防设施 A2-3	消防设施完善
	健康性 B	室内环境健康 B1	声环境 B1-1	围护结构节能改造
			热湿环境 B1-2	围护结构节能改造
		室外环境健康 B2	热环境 B2-1	绿化增设
			光环境 B2-2	照明设施完善
			声环境 B2-3	隔声设施完善
	舒适性 C	生理环境舒适 C1	楼栋电梯 C1-1	电梯改造
			卫生质量 C1-2	环卫设施完善
			海绵化设施 C1-3	海绵城市建设、给水排水设施
		心理环境舒适 C2	住区风貌 C2-1	立面美化、小区形象打造
			景观绿化 C2-2	绿化增设
			楼道环境 C2-3	楼道整治
	便利性 D	交通出行便利 D1	公共交通服务设施 D1-1	道路交通完善
			停车设施 D1-2	停车设施完善
			无障碍设施 D1-3	无障碍设施完善
		生活服务便利 D2	社区管理设施 D2-1	配套用房完善
			文体活动设施 D2-2	休闲健身配套、景观改造
			养老幼托设施 D2-3	养老幼托设施完善
			便民服务设施 D2-4	生活设施完善
	归属感 E	环境认同感 E1	—	小区整体改造
		公众参与度 E2	—	居民意见征集

（3）评价指标的标准构建

为了评估的可操作性和准确性，评价指标的标准构建应以定量评价为主，以可靠的数据为依据，辅以少量定性评价。评分细则的确定采取以下几个途径：

1）首先以地区或国家的相关规范、标准、制度作为参照和准则；

2）参考特定行业的标准及统计数据；

3）参考现有的相关文献；

4）结合实际情况，参考专家意见。

最终可确定指标评分细则，采用 4 级评分制，1 分为最低分，4 分为最高，共有 25 个评分项，分值越高表明环境品质越好。打分依据有三种类型，以住区改造环境品质提升为例，如表 5-8 所示的：①符合细则中的几项内容，如结构和电气 A1-1 指标下，包括结构安全、防雷设施规范性、强弱电设施规范性、无违章搭建这四项，满足 4 项可得 4 分，满足任意 3 项可得 3 分；②某个具体参数的数值范围，如监控防护设施 A2-2 的评分指标为公共区域监控、门禁的覆盖率，在 80% 以上得 4 分，60% ~ 80% 得 3 分等；③居民主观满意度范围，如室内声环境 B1-1，满意度在 90% 以上得 4 分，70% ~ 90% 得 3 分等。

指标评分细则　　　　表 5-8

一级指标	二级指标	三级指标	评分细则	4 分	3 分	2 分	1 分
安全性 A	建筑单体安全 A1	结构和电气 A1-1	结构安全、防雷设施规范性、强弱电设施规范性、无违章搭建	符合 4 项	符合 3 项	符合 2 项	符合 1 项及以下
		围护结构 A1-2	屋面无渗漏破损、外饰面无渗漏破损、空调机位及外墙悬挂物无风险隐患	符合 3 项	符合 2 项	符合 1 项	无
	配套设施安全 A2	道路环境 A2-1	人车分流、道路路面平整度、道路铺装合适、标识完善	符合 4 项	符合 3 项	符合 2 项	符合 1 项及以下
		监控防护设施 A2-2	公共区域监控、门禁覆盖率	80% 以上	60% ~ 80%	40% ~ 60%	40% 以下
		消防设施 A2-3	消防通道顺畅、室外消防配套设备完善室内消防设施完善	符合 3 项	符合 2 项	符合 1 项	无
健康性 B	室内环境健康 B1	声环境 B1-1	满意度*	90% 以上	70% ~ 90%	50% ~ 70%	50% 以下
		热湿环境 B1-2	满意度*	90% 以上	70% ~ 90%	50% ~ 70%	50% 以下

续表

一级指标	二级指标	三级指标	评分细则	4 分	3 分	2 分	1 分
健康性 B	室内环境健康 B2	热环境 B2-1	热岛强度变化	热岛强度降低 ≥ 1.5℃	1 ~ 1.5℃	0.5 ~ 1℃	0.5℃以下
		光环境 B2-2	住区道路夜间光环境	照度 ≥ 10lx	7.5 ~ 10lx	5 ~ 7.5lx	51x 以下
		声环境 B2-3	噪声干扰程度	噪声环境限值昼间 50dB，夜间 40dB	昼间 55dB，夜间 45dB	昼间 60dB，夜间 50dB	昼间 65dB，夜间 45dB
舒适性 C	生理环境舒适 C1	楼栋电梯 C1-1	电梯安装率	≥ 26%	16% ~ 25%	6% ~ 15%	0 ~ 5%
		卫生质量 C1-2	垃圾收集点服务半径不超过 70m；垃圾分类覆盖率 100%；设置公共厕所	符合 3 项	符合 2 项	符合 1 项	无
		海绵化设施 C1-3	径流总量控制率	径流总量控制率 ≥ 70%	60% ~ 70%	50% ~ 60%	50% 以下
	心理环境舒适 C2	住区风貌 C2-1	满意度*	90% 以上	70% ~ 90%	50% ~ 70%	50% 以下
		景观绿化 C2-2	绿地率 ≥ 25%、乔灌木面积占比 ≥ 70%	高于指标	低于指标 0 ~ 20%	低于指标 20% ~ 40%	低于指标 40% 以上
		楼道环境 C2-3	楼道灯具完善、防盗门完善、踏步或扶手完善、楼道墙面整洁	符合 4 项	符合 3 项	符合 2 项	符合 1 项及以下
便利性 D	交通出行便利 D1	公共交通服务设施 D1-1	出入口与交通设施距离；交通线路数量不少于 2 条（必备）	公共交通 ≤ 300 或轨道交通 ≤ 500	公共交通 ≤ 500 或轨道交通 ≤ 800	公共交通 ≤ 700 或轨道交通 ≤ 1000	不符合
		停车设施 D1-2	共享单车停车点合理、汽车车位比达到 0.6。充电桩数量不少于 18%	符合 3 项	符合 2 项	符合 1 项	无
		无障碍设施 D1-3	设有无障碍出入口、机动车位、通道、厕位、标识	符合 4 项及以上	符合 3 项	符合 2 项	符合 1 项及以下
	生活服务便利 D2	社区管理设施 D2-1	建立小区管理和服务综合信息平台；社区管理服务用房满足需求；智慧管理	符合 3 项	符合 2 项	符合 1 项	无
		文体活动设施 D2-2	健身器材、休闲座椅、休息亭、健身步道等公共活动空间 300m 覆盖率 80%	高于指标下限值	低于 10% 以内	低于 10% ~ 20%	低超于 20%
		养老幼托设施 D2-3	适老设施完善，社区日间照料中心、配套居家养老服务设施、幼儿园 300m 覆盖率 50%	符合 4 项	符合 3 项	符合 2 项	符合 1 项及以下

续表

一级指标	二级指标	三级指标	评分细则	4 分	3 分	2 分	1 分
便利性 D	生活服务便利 D2	便民服务设施 D2-4	信报箱、智能快递箱、公告宣传栏完善	符合 3 项	符合 2 项	符合 1 项	无
归属感 E	住区认同感 E1	—	结构安全、防雷设施规范性、强弱电设施规范性、无违章搭建	符合 4 项	符合 3 项	符合 2 项	符合 1 项及以下
	公众参与度 E2	—	屋面无渗漏破损、外饰面无渗漏破损、空调机位及外墙悬挂物无风险隐患	符合 3 项	符合 2 项	符合 1 项	无

* 主观指标。

5.2.2　品质提升效果评估

（1）指标权重计算方法

权重是指某项指标在所有评价指标中所占的比重。在环境品质评价体系中，由于各项指标对环境品质的影响存在一定区别，应对其赋予不同的权重，以反映评价指标间相对重要的程度。指标的权重将直接影响到评价结果的准确性。权重计算方法主要包括 Delphi 法、主成分分析法、因子分析法、关联矩阵法和层次分析法，其中最常用的是层次分析法。表 5-9 展示了常见权重确定方法的优缺点。

常见权重确定方法的优缺点 [171]
表 5-9

名称	描述	优点	缺点
Delphi 法	征询专家，各自评价、汇总、收敛	操作简单、利用专家的知识，结局便于使用	主观性较强，多人评价时难以收敛
主成分分析法	通过正交变换将一组可能存在相关性的变量转换为一组线性不相关的变量	全面性，可比性，客观合理性	需要大量的统计数据
因子分析法	根据因素相关性大小把变量分组，使同一组内的变量相关性最大		
关联矩阵法	确定评价对象和权重，确定各替代方案的价值量	方法简单、容易操作	复杂体系下准确度较低
层次分析法	针对多层次结构的系统，用相对量的比较确定多个判断矩阵，计算权重并排序	可靠度高，误差小	评价对象的因素不能太多（一般不超过 9 个）

作为一种多准则评价方法，层次分析法（AHP）是解决涉及不同层次准则、各准则普遍相互影响的复杂指标体系的重要方法之一。有学者通过对德尔菲法、排序法和层次分析法进行比较发现层次分析法的权重值离差更大，更为精确和可信 [172]。本研究选用层次分析法进行权重判断，以减少主观影响，提高结果的准确性。

（2）指标权重计算结果

本书以住区为例，利用层次分析法进行问卷设计，即以 1、3、5、7、9 表示后者比前者"同样重要""稍微重要""比较重要""十分重要""绝对重要"，2、4、6、8 表示重要性处于两档之间。在 2021 年 4 月中旬向居民住户发放了 100 份问卷，回收有效问卷 86 份；在 2021 年 10 月初向专家（研究学者、社区物业管理者、设计人员）发放了 45 份评价问卷，回收有效问卷 39 份。研究借助层次分析法软件 yaahp10.3 计算指标权重，综合专家和居民问卷，通过算术平均法分别计算专家组、居民组给出的权重，得到品质提升评价体系权重如表 5-10 所示。

一级指标中，权重排序为：安全性＞健康性＞便利性＞舒适性＞归属感，可见住区的安全健康性能是首要的基础保障。二级指标中，建筑单体安全、室内环境健康、交通出行便利和配套设施安全四项指标的权重较高，权重排序较低的指标为公共参与度、室外环境健康和住区认同感。

品质提升评价体系权重

表 5-10

一级指标	权重值	二级指标	权重值	三级指标	权重值
安全性 A	0.2997	建筑单体安全 A1	0.1704	建筑结构 A1-1	0.1062
				围护结构 A1-2	0.0642
		配套设施安全 A2	0.1293	道路环境 A2-1	0.0365
				监控防护设施 A2-2	0.0439
				消防设施 A2-3	0.0489
健康性 B	0.2196	室内环境健康 B1	0.1556	声环境 B1-1	0.0711
				热湿环境 B1-2	0.0844
		室外环境健康 B2	0.0640	热环境 B2-1	0.0168
				光环境 B2-2	0.0154
				声环境 B2-3	0.0318
舒适性 C	0.1729	生理环境舒适 C1	0.0876	楼栋电梯 C1-1	0.0260
				卫生质量 C1-2	0.0478
				海绵化设施 C1-3	0.0139
		心理环境舒适 C2	0.0853	住区风貌 C2-1	0.0237
				景观绿化 C2-2	0.0338
				楼道环境 C2-3	0.0277
便利性 D	0.2010	交通出行便利 D1	0.1297	公共交通服务设施 D1-1	0.0509
				停车设施 D1-2	0.0527
				无障碍设施 D1-3	0.0261

一级指标	权重值	二级指标	权重值	三级指标	权重值
便利性 D	0.2010	生活服务便利 D2	0.0712	社区管理设施 D2-1	0.0128
				文体活动设施 D2-2	0.0125
				养老幼托设施 D2-3	0.0275
				便民服务设施 D2-4	0.0184
归属感 E	0.1069	住区认同感 E1	0.0696	—	—
		公众参与度 E2	0.0373	—	—

从三级指标的权重排序来看（图 5-6），建筑结构、室内热湿环境、室内声环境和围护结构这四项直接与居住房屋密切相关的指标权重最高；其次是公共环境中的停车设施、公共交通设施、卫生质量监控防护设施和道路环境等；权重最低的指标为文体活动设施、社区管理设施、海绵化设施及室外光热环境。另外，由于专家的认知面更广、专业性更强，在室内热湿环境、室内声环境、卫生质量、道路环境和楼栋电梯等方面表现出更高的倾向；而住户考虑自身生活便捷情况，认为停车设施、公共交通服务、景观绿化、养老幼托设施等指标更为重要，最终的权重结果通过算术平均法综合专家的专业素养和居民的实际生活来确定。

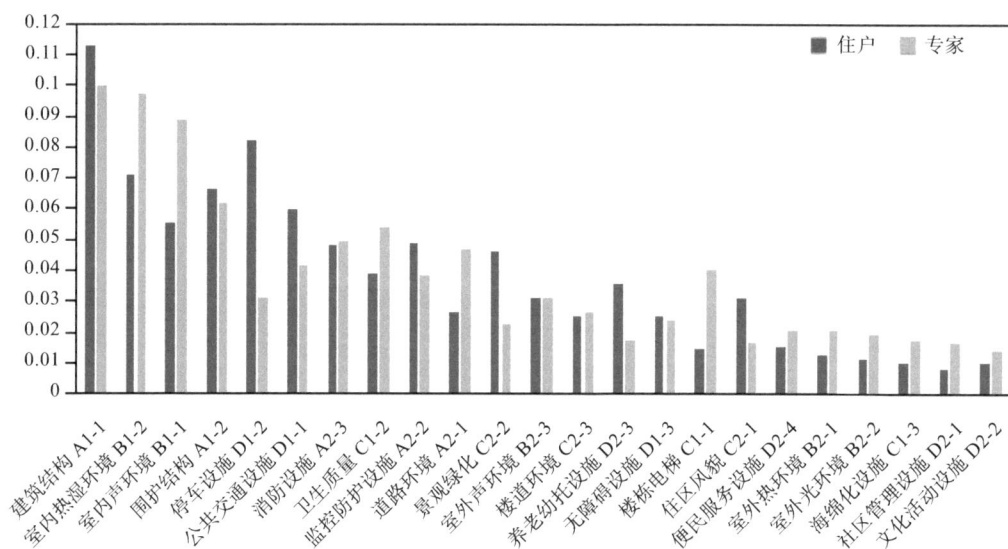

图 5-6　三级指标的权重排序

（3）评价结果的判断

既有建筑品质提升评价体系为 100 分制。按照各项指标的评价标准对每个指标在改造前后进行独立打分。其中，客观指标由专家按照工程实施情况和现场调查结果进行评判；主观指标则通过对用户进行抽样问卷发放的统计结果进行评判。将所有三级指标改造前后的得分带入下列公式得到的分数即为该建筑改造前后的环境品质打分结果：

$$Q = 25 \times \sum \left(W_i \times C_i \right) \tag{5-16}$$

式中，W_i——各项三级指标的对应权重；

　　　C_i——三级指标的得分。

建筑环境品质得分的结果等级评价如表 5-11 所示。建筑环境品质得分在 50 分以下，可被认为是建筑品质较低的建筑，亟需根据评分低的指标进行针对性的改造；得分在 50 分以上 70 以下，可被认为是建筑品质中等的建筑；得分在 70 分以上 90 以下，可被认为是建筑品质良好的建筑，改造需求较低；得分在 90 分以上，可被认为是建筑品质优秀的建筑，基本无须改造。

建筑环境品质得分的结果等级评价　　　　表 5-11

等级	低	中	良	优
分数	50 分以下	50 ~ 70 分	70 ~ 90 分	90 分以上

通过改造前后得分差异掌握建筑改造对建筑环境品质的效益，即建筑品质提升度 ΔQ：

$$\Delta Q = \left(Q_{latter} - Q_{former} \right) \tag{5-17}$$

式中，ΔQ——建筑品质提升度；

　　　Q_{latter}——改造后住区的环境品质评分；

　　　Q_{former}——改造前的环境品质评分。

各项措施的品质提升度 Δq_i 通过措施对应指标的改造前后得分差异得到：

$$\Delta q_i = W_i \times \left(C_{i\text{-}latter} - C_{i\text{-}former} \right) \tag{5-18}$$

式中，Δq_i——各项措施的品质提升度；

　　　W_i——各项三级指标的对应权重；

　　　$C_{i\text{-}latter}$——改造后三级指标的得分；

　　　$C_{i\text{-}former}$——改造前三级指标的得分。

5.3 改造环境效益综合评价方法

本研究借鉴 CASBEE 的评估思路，从环境负荷（碳排放）和环境质量（品质提升效果）两个方面对既有建筑改造的环境影响进行综合评估。综合评估过程如图 5-7 所示，通过既有情况和改造措施产生的影响，对改造产生的环境负荷和环境质量进行评估，并以二者比值作为改造的综合环境效率 *BEE*。

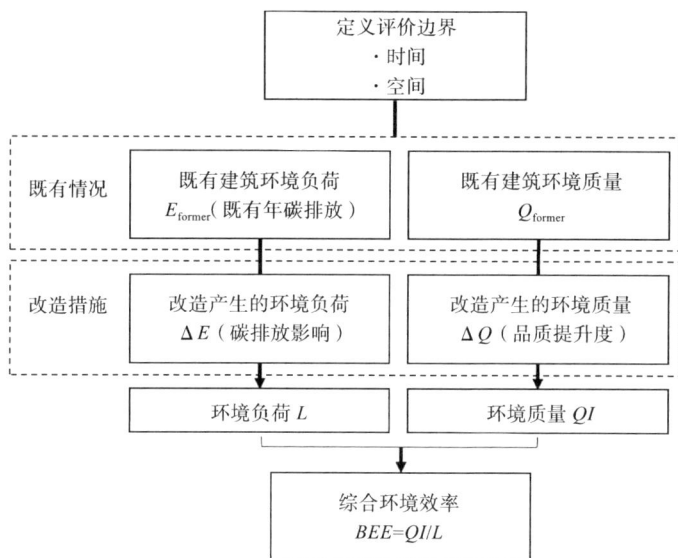

图 5-7 综合评估过程

5.3.1 环境负荷（*L*）评价

环境负荷 *L* 根据建筑改造的整体减碳效率进行分级评估。根据建筑改造项目的碳排放核算结果，参考 CASBEE UD 的定义方式，按照减碳率 *R* 划分减碳等级 *LR*，减碳率 *R* 达到 5% 定义减碳等级为 3 级，*L* 得分为 50；减碳率 *R* 达到 18% 定义减碳等级为 4 级，*L* 得分为 25。依据这个划分方式，得到环境负荷 *L* 的换算公式如下：

$$L = 100 \times \frac{1}{1 + \exp\left(\alpha \times \left(R - 5\%\right)\right)} \qquad (5\text{-}19)$$

其中，α 为修正系数，其值：为 $\alpha = \ln(3)/0.13$；*R* 为建筑改造的减碳率。

减碳率 *R* 和 *L* 得分的函数对应关系如图 5-8 所示，根据此公式，若产生增碳效果，如增碳 10% 时，*L* 得分为 78；若无增减碳效果，即减碳率为 0 时，*L* 得分为 60.4；当减碳率达到 20% 时，*L* 得分为 22；当减碳率达到 50% 时，*L* 得分为 2.18。

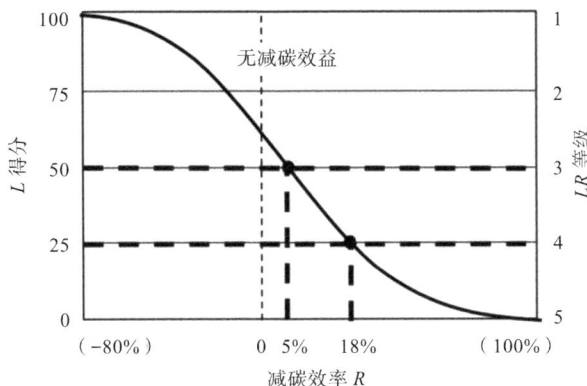

图 5-8　减碳率 R 和 L 得分的函数对应关系

5.3.2　环境质量（QI）评价

环境质量（品质提升效果）QI 根据建筑改造的品质提升评价体系的得分进行分级评估，以改造实施后的实际品质提升效益 ΔQ 和改造前建筑环境质量至优秀等级（90 分）的提升空间的比值作为 QI 的得分，换算公式如下：

若 $Q_{\text{latter}} < 90$，则

$$QI = 100 \times \frac{\Delta Q}{90 - Q_{\text{former}}} \tag{5-20}$$

若 $Q_{\text{latter}} \geqslant 90$，则

$$QI = 100 \tag{5-21}$$

5.3.3　综合环境效率（BEE）分级

在本书中，定义综合环境效率 BEE 为既有建筑改造带来的综合环境效率，其值为改造产生的环境质量 QI 和改造产生的环境负荷 L 的比值。环境质量越高、环境负荷越低，改造活动的环境效率越高。换算公式如下：

$$BEE = \frac{QI}{L} \tag{5-22}$$

综合环境效率 BEE 的分级方式参考 CASBEE 体系，将结果表示在以 L 为横轴、QI 为纵轴的坐标图中，BEE 的值即评价结果坐标点和远点连线的斜率。QI 越大，L 越小，斜率 BEE 就越大，改造综合环境效率越好。本体系将 BEE 划分为 5 个等级，如图 5-9 所示。A 级（优秀）：$BEE \geqslant 3$，且 $QI > 50$；B 级（良好）：$3 > BEE \geqslant 1.5$；C 级（及格）：$1.5 > BEE \geqslant 1$；D 级（较差）：$1 > BEE \geqslant 0.5$；E 级（很差）：$BEE < 0.5$。

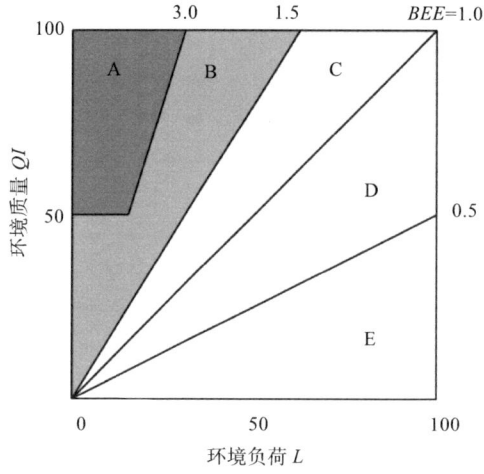

图 5-9　综合环境效率（*BEE*）分级

第 6 章

既有建筑改造环境效益评价实证分析

6.1 案例概况

选取位于绍兴市的社区 A 和位于杭州市的社区 B、社区 C 开展实证分析，案例住区的平面布局见图 6-1。这些小区都建于 20 世纪 80、90 年代，建筑层数多为 5~7 层。由于房屋建筑老化、道路设施破旧、功能设施匮乏、治安隐患突出等问题，已不能满足日益发展的现代物质和精神生活的需求，均已实施了相应的改造工程。案例基本情况见表 6-1。

图 6-1 案例住区的平面布局

案例基本情况 表 6-1

小区名	社区 A	社区 B	社区 C
编号	R1	R2	R3
建造年份	1993	1988	1987
改造竣工年份	2019	2020	2021
总建筑面积（m²）	49260	170000	79901
总幢数（幢）	29	54	32

续表

小区名	社区A	社区B	社区C
总户数（户）	549	3566	1333
剩余使用年数（年）	24	18	16

通过走访各个小区的服务中心，咨询小区改造方案的设计单位，获取改造相关资料，梳理得到案例小区的改造技术清单如表6-2所示。三个小区的改造都覆盖到了景观绿化、建筑单体、水资源、固废物和基础配套五个方面，其中，社区A的改造涉及了20项措施；社区B的改造涉及23项措施；社区C的改造涉及22项改造措施。

案例小区的改造技术清单 表6-2

类别	改造项目	子项	社区A	社区B	社区C
景观绿化	绿化增设	路面绿化增设	√		
	景观改造	景观小品增设		√	√
建筑单体	安全改造	建筑结构及防雷		√	√
		违规违建整治	√		
	围护结构修缮	屋面修缮	√	√	√
		外墙修缮		√	√
	立面美化	外饰面美化	√		
		更新单元门头	√		√
	电梯改造	电梯增设		√	
	楼道整治	节能灯具更换/增设	√	√	√
		楼道美化	√	√	√
	养老幼托设施	养老设施增设	√	√	√
水资源	给水排水设施	管网改造	√	√	√
固废物	环卫设施	垃圾回收处理	√	√	√
基础配套	电气设施	管线整治	√	√	√
	照明设施	路灯更换/增设	√	√	
	安防设施	智能化设施（监控系统、门禁）增设		√	
		岗亭增设	√		
	消防设施	应急照明灯增设		√	√
		微型消防站完善		√	
	道路交通	路面修补	√		
	停车设施	路面停车改造	√	√	√
	无障碍设施	无障碍车位改造	√	√	
	休闲健身配套	健身设施增设		√	√
		活动场地改造	√	√	√

类别	改造项目	子项	社区 A	社区 B	社区 C
基础配套	生活设施	信报箱及快递设施改造			√
		文化宣传栏改造	√	√	√
	小区形象打造	特色雕塑、大门改造	√	√	√
		围墙形象提升	√	√	√

图 6-2 展示了三个案例住区所涉及的共 65 项改造措施在五个类别中的数量分布。由于基础配套的复杂性和多样性，在基础配套类别下的措施数量最高；而建筑作为住区的主要组成部分，此类别下的措施也很多；景观绿化、水资源和固废物类别的覆盖面较窄，均只涉及 3 项改造措施。

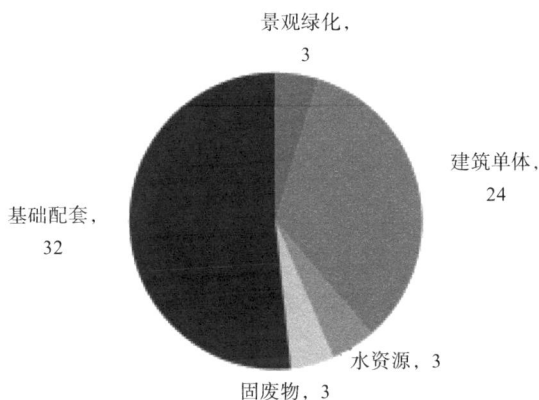

图 6-2　65 项改造措施在五个类别中的数量分布

（1）社区 A

社区 A 建造于 1993 年，是柯桥第一批商品房之一，共有 29 幢住宅，建筑层数多为 5 层、6 层。现有 549 户居民，总建筑面积 49260m²。改造开始于 2018 年 7 月，并于 2019 年 8 月完成改造。以 50 年的设计使用年限为参照，改造后该小区将继续使用 24 年。

通过实地调研考察，该社区在改造前存在的主要问题为：小区老旧，建筑墙面、地面破损，违章私建现象突出，整体形象不佳；立面管线、空调位、防盗窗等构件杂乱；停车位不足，车辆无序停放，影响通行等。改造遵循功能优先、美观协调和人性化原则，主要运用公共服务设施增配及优化技术、既有住区风貌提升技术、零散空间利用整合技术和管网系统优化技术对小区进行系统的改造整治。住区改造前后对比如图 6-3 所示。

（a）改造前

（b）改造后

图 6-3　社区 A 住区改造前后对比

（2）社区 B

社区 B 建造于 1988 年，共有 54 幢住宅，现有 3566 户居民，建筑面积 17m²。2018 年，社区 B 进行了既有住区提升改造一期工程，主要对 1 ~ 10 幢区域进行了提升，打造了街区式养老模式，一期工程于 2018 年年底竣工。二期改造工程于 2019 年下半年启动，到 2020 年年底竣工。改造范围也拓宽至全小区 54 幢住宅楼。以 50 年的设计使用年限为参照，改造后该小区将继续使用 18 年。本研究针对二期改造的提升效果进行评估。

该案例小区在实施改造前整体环境"脏、乱、差"，建筑外立面破旧，道路破损，空中"飞线"严重，公共活动空间匮乏，公共配套缺失，且在治安管理、环境卫生等方面都存在较多问题。本次改造主要包括四个部分：1）完善设施功能：完善更新消防安防设施，设立电动车充电专区，完善环卫、体育、休闲等基础设施，增加社区服务功能，按需加装电梯。2）改善居住环境：梳理住宅立面，整治非机动车棚及路面停车位，开展道路平整和绿化，提升小区风貌。3）挖掘小区特色：保留区域特色的标志物，注重小区历史文化碎片的整理和挖掘，打造小区文化的空间和载体。住区改造前后对比如图 6-4 所示。

（a）改造前

（b）改造后

图 6-4　社区 B 住区改造前后对比

（3）社区 C

社区 C 建造于 1987 年，共有 32 幢住宅，建筑面积 79901m²，现有 1333 户居民。改造开始于 2020 年 4 月，并于 2021 年 9 月完成改造。以 50 年的设计使用年限为参照，改造后该小区将继续使用 16 年。

该案例小区改造前的突出不足为活动场地设施缺乏且老化破损严重、雨污管网未分离、建筑外立面局部破损、消防设施老旧、停车杂乱、路面破损严重。改造方案以完善"水、电、路、气、消、垃"等基础设施为切入点，兼顾提升公共空间提升，完善配套设施，以营造平安、整洁、舒适、绿色、有序的小区环境。住区改造前后对比如图 6-5 所示。

（a）改造前

（b）改造后

图 6-5　社区 C 住区改造前后对比

6.2　案例环境提升效果

6.2.1　环境负荷

（1）社区 A

1）数据收集

通过实地调研、入户抽查、咨询社区及物业管理、改造单位的预算清单和参考统计或标准值，对案例小区清单内各个阶段的活动水平数据进行收集。首先对改造前的使用阶段碳排放清单进行数据收集。住宅建筑内部的相关数据通过对社区住户进行电话调研得到，共计咨询 110 户，获取其住宅建筑内部的相关数据如电、气、水耗；其他公共区域的活动水平数据可通过总平面图、实地调研和咨询社区管理部门获取。既有使用阶段的活动水平数据及其来源见表 6-3。

既有使用阶段的活动水平数据及其来源　　　　　　　　　　表 6-3

类别	子项	数据 - 改造前	数据来源
景观绿化	乔木数量（株）	170	实地调研
	灌木面积（m²）	4645.26	总平面图
	草地面积（m²）	7860	总平面图
建筑单体	居住建筑单位面积年耗电量（kWh/m²）	28.4	入户调查
	居住建筑单位面积年耗气量（m³/m²）	2.4	
	公共建筑单位面积年耗电量（kWh/m²）	50.21	咨询社区管理
	住宅公共区域灯具数量（只）; 功率（W/只）	274	咨询社区管理
水资源	居住建筑单位面积年耗水量（m³/m²）	1.88	入户调查
	绿化年用水量（m³）	4303	参考行业标准
固废物	日均垃圾量（kg/日）	1922.5	实地调研
基础配套	市政设施（岗亭、路灯）年用电量（kWh）	4257.36	咨询社区物业

　　该案例共包括 18 项有碳排放影响的改造措施，集中在建筑单体修缮和基础配套完善方面。其中，除了违规违建整治，其余 17 项改造措施在物化和拆除阶段都会产生碳排放影响。改造过程的活动水平数据如表 6-4 所示，物化阶段和拆除阶段的活动水平数据多通过改造预算清单梳理获取各措施所涉及的物料和建材的用量。部分活动水平数据如灯具及宣传栏的数量、岗亭和道闸的材料质量可通过实地调研获取。使用阶段的活动水平数据变化可通过查阅改造规划文件、参考地方文件和统计数据，结合实地调研，获取各项措施的活动水平数据。

改造过程的活动水平数据　　　　　　　　　　表 6-4

类别	改造内容	物化及拆除阶段	使用阶段	数据来源
景观绿化	路面绿化增设	黄土（5910m³）	增加乔木（86株）、灌木（1800m²）、草地（2140m²）	预算清单，改造规划文件
建筑单体	违规违建整治	—	违章搭建拆除面积（480m²）	实地调研
	屋面修缮	沥青防水卷材（672m²），抹灰砂浆（784.6m³），钢（138.84t），混凝土（16.8m³）	—	预算清单
	外饰面美化	涂料（32645.8kg），油漆（10.37m³），钢（67.5t）	—	预算清单
	更新单元门头	更换铝合金雨篷（3723m²）	—	预算清单
	节能灯具更换	LED 灯（274只）	LED 灯（274只，6W）	实地调研
	养老设施增设	楼道折叠椅（200个）	—	预算清单
水资源	管网改造	塑料水管（15267m）; 开挖、移除土方 990m³	雨污分流，年降水量 1300mm	预算清单、当地统计年鉴

类别	改造内容	物化及拆除阶段	使用阶段	数据来源
固废物	垃圾回收处理	不锈钢宣传栏（8个）	回收率提升15%	实地调研、地方文件
基础配套	管线整治	钢材（14761.6kg），铁构件（991kg），混凝土（38m³）填土碾压平整；开挖、移除土方（1575m³）	—	预算清单
	路灯增设	灯具（122套）	灯具（122套，6W）	预算清单
	岗亭增设	不锈钢（3000kg）	年用电量增加（13511.2kWh）	实地调研
	路面修补	沥青混凝土（5.5m³）；混凝土（234.99m³）；花岗岩（2000m²）；碎石（521.6m³）	—	预算清单
	路面停车改造	钢结构雨篷12个	—	预算清单
	活动场地改造	花岗岩（184.4m²）；水泥砂浆（92.2m²）；混凝土实心砖（12.43m³）；碎石（6.51m³）	—	预算清单
	文化宣传栏改造	宣传栏（3个）	—	实地调研
	出入口改造	油漆（250m²）；花岗岩（50m²）	—	预算清单
	围墙形象提升	混凝土（46.63m³），青水砖（185.59m³），涂料（705.25m²）	—	预算清单

2）核算结果

按照前述模型和所收集的活动水平数据进行核算，得到本案例改造前使用阶段的碳排放结果如图6-6所示。改造前使用阶段的碳排放为1539tCO$_2$/年，单位建筑面积排放31.24kgCO$_2$/（m²·年），人均碳排放为934.5kgCO$_2$/年。其中景观绿化碳汇量占−4.68%；建筑单体耗能产生碳排放占比最高（81.80%），其次是固体废弃物处理（14.71%），水资源和基础配套版块的碳排放分别占7.97%和0.19%。从各活动水平的碳排放来看，居住建筑电耗、气耗和固体废弃物（大多数为生活垃圾）是最主要的碳排放源。

基于生命周期碳排放核算，该案例小区改造过程的整体碳排放影响结果如表6-5所示。改造整体减少了343.59t的碳排放，碳减排强度为7.38kgCO$_2$/m²。其中，景观绿化、水资源和固体废弃物三个类别能够产生较为可观的减碳效果，而建筑单体和基础配套则产生了较高的碳排放。从各个阶段的排放结果来看，物化阶段产生的碳排放量最高，为1356tCO$_2$，主要产生于建筑单体和基础配套；使用阶段，在景观绿化、建筑单体、水资源、固废物方面都取得了较好的减碳效果，基础配套方面增加了电器设施导致了增碳，合计减碳量为1262.76tCO$_2$；本案例中，由于大量可再生可循环利用建材的使用，建材的回收利用抵消了拆除阶段的碳排放，并实现了 -436.83tCO$_2$ 的碳排放影响。

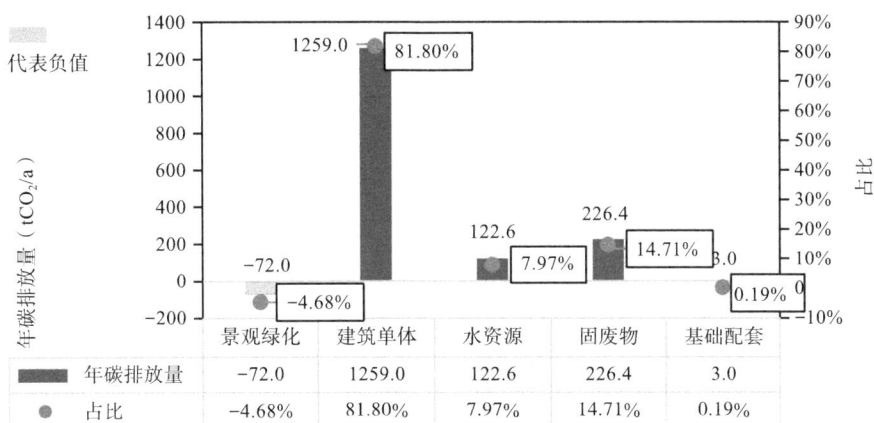

图 6-6　改造前使用阶段的碳排放结果

改造过程的整体碳排放影响结果　　　　　　　　　　　　　表 6-5

项目	物化阶段（tCO$_2$）	使用阶段（tCO$_2$）	拆除阶段（tCO$_2$）	总计（tCO$_2$）
景观绿化	30.64	−56.76	—	−26.12
建筑单体	1042.71	−317.27	−418.29	307.15
水资源	13.55	−355.79	−8.24	−350.48
固废物	1.70	−815.19	−0.90	−814.39
基础配套	267.40	282.26	−9.41	540.26
总计	1356.00	−1262.76	−436.83	−343.59

　　各项措施的碳排放影响如图 6-7 所示，该案例有 5 项减碳措施和 13 项增碳措施。减碳措施中，垃圾回收处理的减碳量最高，为 814.4tCO$_2$，其次是管网改造，能够降低碳排放 350.5t，违规违建整治和更换节能灯具分别实现碳减排 216t 和 101t，路面绿化的增设实现了 26.1t 的碳汇。屋面修缮、外饰面美化、更新单元门头、路面修补、围墙改造和管线整治等建设活动在物化和拆除阶段会产生较大的排放；增设岗亭、蓝牙道闸和增设路灯等完善服务的措施由于增加电耗会提高使用阶段的碳排放。

　　3）环境负荷 L

　　该案例改造前的既有使用阶段的碳排放为 1539tCO$_2$/ 年，改造整体降低了 343.59t 的全生命周期碳排放，可得案例的整体减碳效率为：

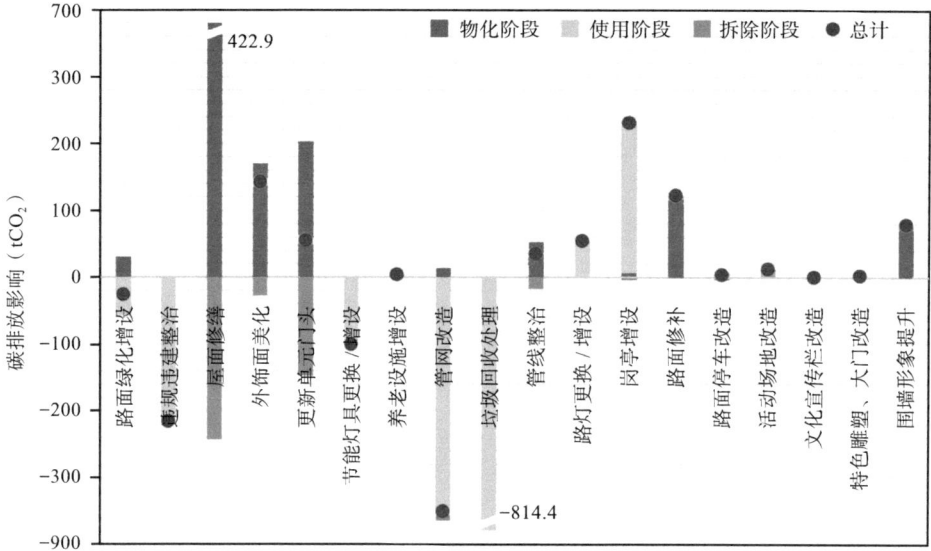

图 6-7　各项措施的碳排放影响

$$R = 100 \times \frac{ER}{E_{former} \times N} = 100 \times \frac{343.59}{1539 \times 24} = 0.93$$

根据本书 5.3.1 所介绍的环境负荷 L 的换算公式（5-19），该案例小区改造的环境负荷 L 为：

$$L = 100 \times \frac{1}{1 + \exp\left(\alpha \times \left(0.93\% - 5\%\right)\right)} = 58.51$$

（2）社区 B

1）数据收集

本案例既有使用阶段的活动水平数据及其来源见表 6-6。通过对住户进行抽样问卷调查获取居住建筑内部的电耗、气耗和水耗，共计咨询了 64 户；其他公共区域的活动水平数据可通过总平面图、实地调研、咨询社区管理部门和参考行业统计值进行确定。

既有使用阶段的活动水平数据及其来源　　　　表 6-6

类别	子项	数据 - 改造前	数据来源
景观绿化	乔木数量（株）	957	实地调研
	灌木面积（m²）	9623	总平面图
	草地面积（m²）	12166	总平面图
建筑单体	居住建筑单位面积年耗电量（kWh/m²）	54.5	问卷调查
	居住建筑单位面积年耗气量（m³/m²）	4.5	

续表

类别	子项	数据 - 改造前	数据来源
建筑单体	公共建筑单位面积年耗电量（kWh/m²）	164.2	参考行业统计
	住宅公共区域灯具数量（只）；功率（W/ 只）	1566	咨询社区管理
水资源	居住建筑单位面积年耗水量（m³/m²）	4.13	问卷调查
	绿化年用水量（m³）	23349.78	参考行业标准
固废物	日均垃圾量（kg/ 日）	8415.76	参考行业标准
基础配套	市政设施（岗亭、路灯）年用电量（kWh）	42050	咨询社区物业

　　该案例共包括 22 项有碳排放影响的改造措施，包括 7 项建筑单体修缮措施和 12 项基础配套完善的措施。在物化和拆除阶段所有改造措施都会产生碳排放影响，而在使用阶段仅有 6 项措施会产生影响，包括电梯和监控设施增设、楼栋灯具和路灯更换、雨污分流和垃圾回收改造。改造过程的活动水平数据如表 6-7 所示，多项数据通过预算清单梳理得到，当地降水量和垃圾回收提升率等数据借鉴当地统计数值。

改造过程的活动水平数据 表 6-7

类别	改造内容	物化及拆除阶段	使用阶段	数据来源
景观绿化	景观小品增设	景石（1t）	—	预算清单
建筑单体	建筑结构及防雷	避雷带修缮（5760m）	—	预算清单
	屋面修缮	木材（309m³），防水卷材（36835m²），沥青瓦及涂料（34245m²），铝合金窗（868.38m²）	—	预算清单
	外墙修缮	砂浆及涂料（860m²），铝合金窗（868.38m²）	—	预算清单
	电梯增设	电梯（5 台）	电梯（5 台）	预算清单
	节能灯具更换	LED 灯（1566 只）	LED 灯（1566 只）	预算清单
	楼道美化	涂料（62768m²），砂浆（6000m²），铝合金雨篷（1377m²），塑料管 3451m	—	预算清单
	养老设施增设	楼道折叠椅（865 个）	—	预算清单
水资源	管网改造	塑料管（2516m）；开挖、移除土方（4648m³），回填（764m³）	雨污分流，年降水量 1378.5mm	预算清单、当地统计年鉴
固废物	垃圾回收处理	垃圾投放点（23 个）	回收率提升 14.53%	预算清单、地方文件
基础配套	管线整治	钢材（36.6t）	—	预算清单
	路灯增设	灯具（68 套）	灯具（68 套，6W）	预算清单
	智能化设施（监控系统、门禁）增设	监控设备（260 台）	监控设备（3000W）	预算清单
	应急照明灯增设	应急灯（519 个）	—	预算清单

类别	改造内容	物化及拆除阶段	使用阶段	数据来源
基础配套	微型消防站完善	微型消防站（3套）	—	预算清单
	路面修补	混凝土（4709.5m³），沥青（11.6m³），拆除路面（3819m³）	—	预算清单
	路面停车改造	混凝土（23m³），钢材（13.5t）	—	预算清单
	健身设施增设	健身设施（2套）	—	预算清单
	活动场地改造	木材（10.3m³），混凝土（189.4m³），混凝土砖（48.8m³），花岗岩（53.8m³），油漆（297.3m²）	—	预算清单
	文化宣传栏改造	宣传栏（7个）	—	实地调研
	特色雕塑、大门改造	混凝土（2.9m³），混凝土砖（17.6m³），钢筋（1t），钢（15t），油漆及涂料（140m²）	—	预算清单
	围墙形象提升	混凝土砖（19.3m³），页岩砖（34.3m³）	—	预算清单

2）核算结果

按照前述模型和所收集的活动水平数据进行核算，得到本案例改造前使用阶段的碳排放结果如图6-8所示。改造前使用阶段的碳排放为9721tCO$_2$/年，单位建筑面积排放57.18kgCO$_2$/（m²·年），人均碳排放为1155.1kgCO$_2$/年。其中景观绿化碳汇抵消了−3.29%的排放；建筑单体耗能产生碳排放占比最高（84.17%），其次是固体废弃物处理（10.20%），水资源和基础配套的碳排放分别占8.62%和0.30%。从各活动水平的碳排放来看，最主要的碳排放源依然是居住建筑电耗、气耗和固体废弃物（大多数为生活垃圾）。

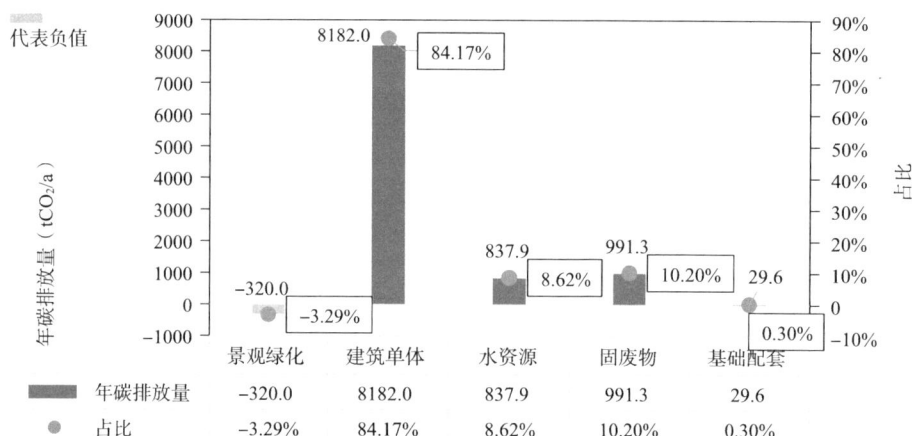

图6-8 改造前使用阶段的碳排放结果

　　基于生命周期碳排放核算，该案例小区改造过程的整体碳排放影响结果如表 6-8 所示。改造整体增加了 895.0t 的碳排放，碳减排强度为 $-5.26kgCO_2/m^2$。其中，基础配套产生的碳排放量最高，其次是建筑单体的改造；固体废弃物和水资源方面的改造能够产生较好的碳减排效果。从各个阶段的排放结果来看，物化和拆除阶段都产生了较高的碳排放量，分别为 $2329.5tCO_2$、$1104.1tCO_2$；在使用阶段，水资源和固废物方面的改造能取得较好的减碳效果，合计减碳量为 $3014.4tCO_2$；拆除阶段，该案例在基础配套和建筑单体方面的建材损耗较高，建材废弃物处理的排放不容忽视。

改造过程的整体碳排放影响结果　　　　　　　　　　　　　　　　表 6-8

项目	物化阶段（tCO_2）	使用阶段（tCO_2）	拆除阶段（tCO_2）	总计（tCO_2）
景观绿化	0.08	—	0.00	0.09
建筑单体	521.60	120.36	79.42	721.38
水资源	7.68	−421.82	−1.36	−415.50
固废物	16.80	−2592.53	−6.60	−2582.32
基础配套	1783.31	355.41	1032.66	3171.38
总计	2329.47	−2538.58	1104.13	895.02

　　图 6-9 展示了该案例中各项措施的碳排放影响。该案例的改造中，仅有 3 项改造措施有碳减排效果，减碳效果最好的措施是垃圾回收处理、其次是节能灯具更换，管网改造也产生了较好的碳减排效果。路面修补、屋面修缮、活动场地改造和楼道美化等建设活动由于建材的使用量高，在物化和拆除阶段产生了很多排放；电梯和监控系统的增设则由于耗电量的增加，在使用阶段产生了较高的碳排放。

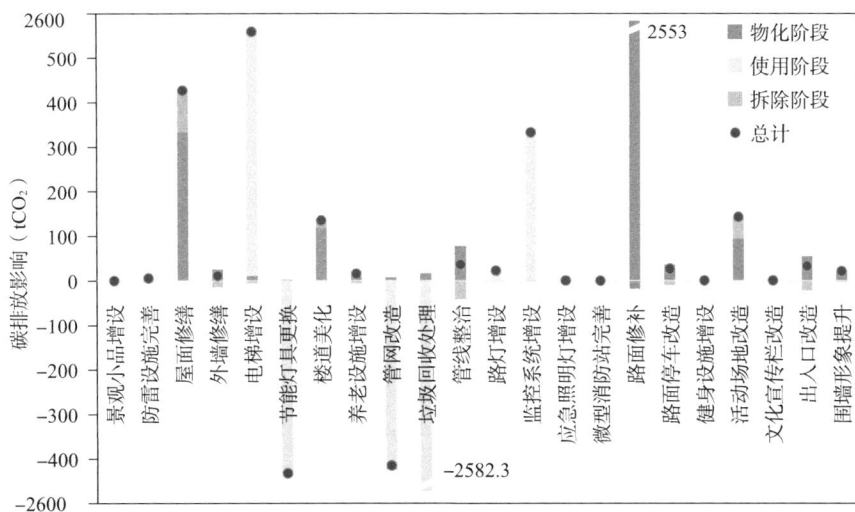

图 6-9　各项措施的碳排放影响

3）环境负荷 L

该案例改造前的既有使用阶段的碳排放为 9721tCO$_2$/ 年，改造整体增加了 895.02t 的全生命周期碳排放，可得案例的整体减碳效率为：

$$R = 100 \times \frac{ER}{E_{former} \times N} = 100 \times \frac{-895.02}{9271 \times 18} = -0.512$$

根据本书 5.3.1 所介绍的环境负荷 L 的换算公式（5-19），该案例小区改造的环境负荷 L 为：

$$L = 100 \times \frac{1}{1 + \exp\left[\alpha \times (-0.512\% - 5\%)\right]} = 61.44$$

（3）社区 C

1）数据收集

改造前使用阶段的碳排放清单中各活动水平数据如表 6-9 所示，数据来源包括实地调研、问卷调查、咨询社区管理和参考行业标准。住宅内部的数据通过在小区内进行问卷访谈获取，共计咨询 60 户。

改造前使用阶段的碳排放清单中各活动水平数据　　表 6-9

类别	子项	数据 - 改造前	数据来源
景观绿化	乔木数量（株）	300	实地调研
	灌木面积（m²）	4000	总平面图
	草地面积（m²）	4588	总平面图
建筑单体	居住建筑单位面积年耗电量（kWh/m²）	44.9	问卷调查
	居住建筑单位面积年耗气量（m³/m²）	4.02	
	公共建筑单位面积年耗电量（kWh/m²）	164.2	参考行业标准
	住宅公共区域灯具数量（只）; 功率（W/ 只）	594	咨询社区管理
水资源	居住建筑单位面积年耗水量（m³/m²）	3.96	问卷调查
	绿化年用水量（m³）	5926.46	参考行业标准
固废物	日均垃圾量（kg/ 日）	3145.88	参考行业标准
基础配套	市政设施（岗亭、路灯）年用电量（kWh）	34164	咨询社区管理

该案例改造过程的活动水平数据如表 6-10 所示，共包括 20 项有碳排放影响的改造措施，集中在建筑单体修缮和基础配套完善方面。其中，仅有更换节能灯具、

雨污分流改造和垃圾回收处理这 3 项措施会影响使用阶段的碳排放。数据基本通过预算清单梳理得到，当地降水量和垃圾回收提升率则参考当地的统计值。

改造过程的活动水平数据

表 6-10

类别	改造内容	物化和拆除阶段	使用阶段	数据来源
景观绿化	景观小品增设	景石（60t）	—	预算清单
建筑单体	建筑结构及防雷	避雷带修缮（4193m）	—	预算清单
	屋面修缮	沥青卷材（25862m²），防水涂料（16428m²），钢筋（2.43t），木材（148m³），保温砂浆（486m²），沥青瓦（16428m²）	—	预算清单
	外墙修缮	混凝土砖（48.3m³），砂浆（2182m²），涂料（5805m²），铝合金窗（108.5m²）	—	预算清单
	更新单元门头	沥青卷材 400m²+ 防水涂料 400m²，钢筋 9.23t，混凝土砖 347m³，混凝土 80m³，砂浆 4688m²，青瓦 400m²	—	预算清单
	节能灯具更换	LED 灯（594 个）	LED 灯（594 个）	预算清单
	楼道美化	涂料 35106m²，砂浆 7421m²，油漆 1274m²	—	预算清单
	养老设施增设	楼道折叠椅（245 个）	—	预算清单
水资源	管网改造	塑料管（3914m），黄沙垫层（87.78m³）；铣刨机铣刨路面 955m²	雨污分流，年降水量 1378.5mm	预算清单，当地统计数据
固废物	垃圾回收处理	垃圾投放点（8 个）	回收率提升 14.53%	预算清单，当地文件
基础配套	管线整治	钢材（5t）	—	预算清单
	应急照明灯增设	更换应急灯 515 个	—	预算清单
	路面修补	沥青（6.26m²），混凝土（2377.15m³）	—	预算清单
	路面停车改造	防水卷材（1385m²），防水涂料（3386m²），防锈漆（2286m²），砂浆（3386m²）	—	预算清单
	健身设施增设	健身设施（2 套）	—	预算清单
	活动场地改造	砖（4.9m³），混凝土砖（2.4m²），混凝土（424.15m²），花岗岩（4212m²），砂浆（6278m²）	—	预算清单
	信报箱及快递设施改造	信报箱（1315 个）	—	预算清单
	文化宣传栏改造	宣传栏（9 个）	—	预算清单
	特色雕塑、大门改造	钢筋（5t），混凝土砖（5.38m³），混凝土（56m³），花岗岩（54.1m³），涂料（280.8m²）	—	预算清单
	围墙形象提升	钢筋（1.3t），混凝土砖（90m³），混凝土空心砖（173m³），混凝土（99m³），砂浆（5692m²），涂料（4250m²）	—	预算清单

2）核算结果

本案例改造前使用阶段的碳排放结果如图 6-10 所示。改造前使用阶段的碳排放为 3916tCO$_2$/ 年，单位建筑面积排放 49kgCO$_2$/（m^2·年），人均碳排放为 1244.8kgCO$_2$/ 年。其中景观绿化产生 –2.69% 的碳汇；建筑单体耗能产生碳排放占比最高（82.78%），其次是水资源和固体废弃物，排放占比分别为 9.83% 和 9.46%，基础配套在使用阶段产生的排放较低，仅为 0.61%。

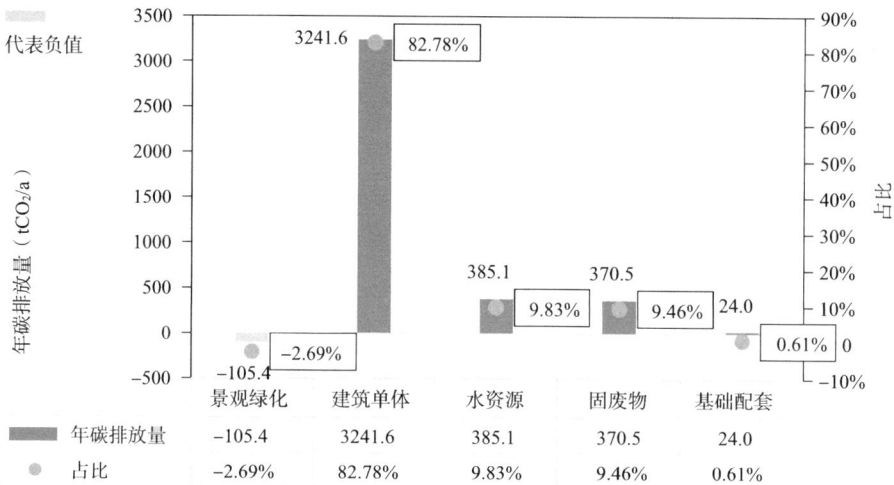

图 6-10 改造前使用阶段的碳排放结果

基于生命周期碳排放核算，该案例小区改造产生的碳排放影响为 1215.6tCO$_2$，碳减排强度为 –15.2kgCO$_2$/m^2，改造过程的整体碳排放影响见表 6-11。碳排放主要由基础配套和建筑单体所产生，水资源和固体废弃物的改造整体产生了比较好的减碳效果。从各个阶段的排放结果来看，物化阶段和拆除阶段产生的碳排放较高，建筑单体、水资源和固体废弃物方面的改造在使用阶段都有较高的减碳量。

改造过程的整体碳排放影响　　　　　　表 6-11

项目	物化阶段（tCO$_2$）	使用阶段（tCO$_2$）	拆除阶段（tCO$_2$）	总计（tCO$_2$）
景观绿化	4.86	—	0.24	5.10
建筑单体	543.41	–146.42	114.13	511.12
水资源	24.13	–300.37	–0.40	–276.64
固废物	5.44	–861.43	–1.87	–857.86
基础配套	1277.31	—	556.54	1833.85
总计	1855.15	–1308.22	668.65	1215.58

本案例的各项改造措施的碳排放影响见图 6-11。仅更换节能灯具、管网改造和垃圾回收处理 3 项措施在使用阶段有碳排放影响，经过计算，均产生了较好的减碳效果；其余 17 项改造措施均为建设活动，对使用阶段没有影响，但是物化和拆除阶段的碳排放量较高，尤其是路面修补、更新单元门头、屋面修缮、围墙形象提升和活动场地改造，增加了碳排放。

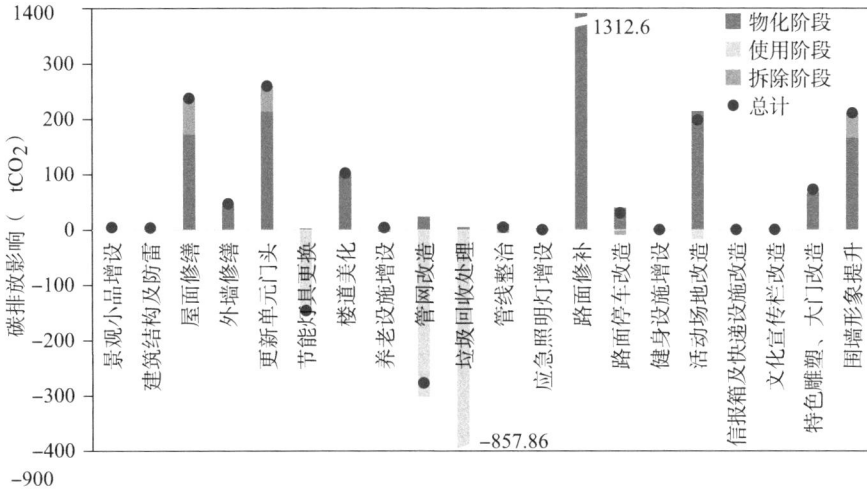

图 6-11　各项改造措施的碳排放影响

3）环境负荷 L

该案例改造前的既有使用阶段的碳排放为 3916tCO$_2$/ 年，改造整体增加了 1215.6t 的全生命周期碳排放，可得案例的整体减碳效率为：

$$R = 100 \times \frac{ER}{E_{former} \times N} = 100 \times \frac{-1215.6}{3916 \times 16} = -1.94$$

根据本书 5.3.1 所介绍的环境负荷 L 的换算公式式（5-19），该案例小区改造的环境负荷 L 为：

$$L = 100 \times \frac{1}{1 + \exp\left(\alpha \times \left(-1.94\% - 5\%\right)\right)} = 64.26$$

6.2.2　环境质量

（1）社区 A

1）数据收集

客观指标方面，将各客观指标评分细则制作打分表，走访该社区的改造设计单位，与相关负责人进行访谈，邀请专家对该社区改造前后的各项客观指标进行打分，并通过实地走访、拍照、居民访谈和实测等方式对指标得分进行核对。主观指标方面，制作满意度调查问卷，采用5级量表，分为"非常不满意""不满意""一般""满意"和"非常满意"五个等级。并考虑年龄、性别的均衡性在社区中向居民发放问卷，共收回问卷95份。梳理得到该案例的环境质量得分及改造内容如表6-12所示。

环境质量得分及改造内容 - 社区 A 表 6-12

一级指标	二级指标	三级指标	改造前得分	改造后得分	改造内容
安全性 A	建筑单体安全 A1	结构和电气 A1-1	3	4	管线整治
		围护结构 A1-2	1	4	屋面修缮、外立面美化
	配套设施安全 A2	道路环境 A2-1	1	3	路面修补
		监控防护设施 A2-2	3	4	岗亭增设
		消防设施 A2-3	3	4	消防通道顺畅
健康性 B	室内环境健康 B1	声环境 B1-1	2	2	—
		热湿环境 B1-2	2	2	—
	室外环境健康 B2	热环境 B2-1	1	1	—
		光环境 B2-2	1	3	路灯增设
		声环境 B2-3	2	2	—
舒适性 C	生理环境舒适 C1	楼栋电梯 C1-1	1	1	—
		卫生质量 C1-2	2	3	垃圾回收处理
		海绵化设施 C1-3	1	2	管网改造
	心理环境舒适 C2	住区风貌 C2-1	1	3	出入口及围墙提升、外立面美化
		景观绿化 C2-2	2	3	增设绿化
		楼道环境 C2-3	1	3	楼道美化
便利性 D	交通出行便利 D1	公共交通服务设施 D1-1	4	4	—
		停车设施 D1-2	1	2	路面停车改造
		无障碍设施 D1-3	1	3	无障碍车位
	生活服务便利 D2	社区管理设施 D2-1	2	4	信息平台、智慧管理
		文体活动设施 D2-2	1	4	活动场地改造
		养老幼托设施 D2-3	1	2	适老设施完善
		便民服务设施 D2-4	2	3	公告宣传栏完善
归属感 E	住区认同感 E1	—	3	3	70.5% 提升至 80.1%
	公众参与度 E2	—	1	3	问卷调查居民意见

2）品质提升评价

按照式（5-16），将各三级指标得分与权重结合，计算得该案例改造前的得分为：

$$Q_{former} = 25 \times \sum W_i \times C_{i\text{-}former} = 49.748$$

改造后的得分为：

$$Q_{latter} = 25 \times \sum W_i \times C_{i\text{-}latter} = 74.310$$

该案例小区在改造前的环境品质评级为低，改造后环境品质等级提升至良，改造后整体环境品质实现了有效的升级，品质提升度 ΔQ 为 24.6。

图 6-12 展示了该案例改造实施前后二级指标得分情况，改造前本案例的住区认同感就比较高，建筑单体和配套设施的安全性有所保障，交通出行便利性也较高。经过改造的实施，公众参与度、心理环境舒适、生活服务便利性方面得到了较高的提升，建筑单体安全和配套设施安全性能更周全，在室内外环境的健康性方面的得分提升较低。

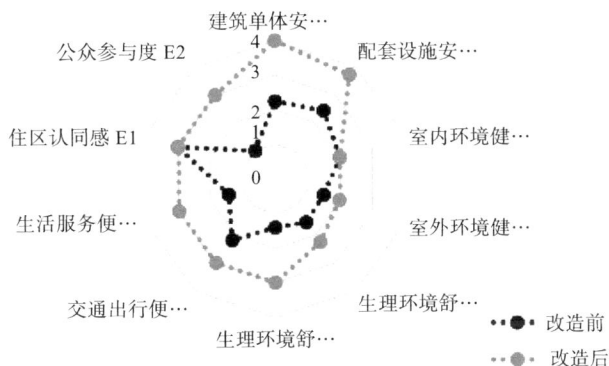

图 6-12　改造实施前后二级指标得分情况

3）环境质量 QI 得分

该案例改造前环境品质得分为 49.786，改造前的环境品质评级较低，改造的空间和潜力较大，实施改造后得分为 74.310，品质提升度 ΔQ 为 24.6。根据式（5-20）计算得改造的环境质量 QI 为：

$$QI = 100 \times \frac{24.6}{90 - 49.786} = 61.020$$

（2）社区 B

1）数据收集

类似地，走访社区旧改办，访谈负责人，邀请专家对改造前后的各项客观指标进行打分，并通过实地走访和实测等方式核对各指标得分。主观指标方面，向居民发放问卷，共收回满意度问卷 74 份。梳理得到该案例的环境质量得分及其改造内容如表 6-13 所示。

环境质量得分及其改造内容 - 社区 B

表 6-13

一级指标	二级指标	三级指标	改造前得分	改造后得分	改造内容
安全性 A	建筑单体安全 A1	结构和电气 A1-1	2	4	防雷设施修缮、电气管线整治
		围护结构 A1-2	2	4	屋面修缮、外墙修缮
	配套设施安全 A2	道路环境 A2-1	1	3	路面修补
		监控防护设施 A2-2	3	4	监控系统完善
		消防设施 A2-3	3	4	微型消防站完善
健康性 B	室内环境健康 B1	声环境 B1-1	3	3	—
		热湿环境 B1-2	4	4	—
	室外环境健康 B2	热环境 B2-1	1	1	
		光环境 B2-2	1	2	路灯增设
		声环境 B2-3	2	2	
舒适性 C	生理环境舒适 C1	楼栋电梯 C1-1	1	2	增设电梯
		卫生质量 C1-2	3	4	垃圾回收处理
		海绵化设施 C1-3	1	2	管网改造
	心理环境舒适 C2	住区风貌 C2-1	2	3	围墙、出入口提升、景观设施
		景观绿化 C2-2	4	4	—
		楼道环境 C2-3	2	3	楼栋灯具完善、楼道美化
便利性 D	交通出行便利 D1	公共交通服务设施 D1-1	4	4	—
		停车设施 D1-2	2	2	—
		无障碍设施 D1-3	2	4	无障碍设施改造
	生活服务便利 D2	社区管理设施 D2-1	2	4	智慧管理平台
		文体活动设施 D2-2	3	4	健身设施增设
		养老幼托设施 D2-3	2	3	适老设施增设
		便民服务设施 D2-4	2	3	文化宣传栏改造
归属感 E	住区认同感 E1	—	3	4	认同感从 88% 提升至 92%
	公众参与度 E2	—	1	3	问卷咨询住户意见 85% 左右

2）品质提升评价

按照式（5-16），将各三级指标得分与权重结合，计算得该案例改造前的得分为：

$$Q_{former} = 25 \times \sum W_i \times C_{i\text{-}former} = 62.155$$

改造后的得分为：

$$Q_{latter} = 25 \times \sum W_i \times C_{i\text{-}latter} = 85.693$$

该案例小区在改造前的环境品质评级为中等，改造后环境品质等级提升至良好，品质提升度 ΔQ 为 23.5，居住环境品质提升效果明显。

图 6-13 展示了该案例改造实施前后二级指标得分情况。改造前公众参与度、室外环境健康、建筑单体安全和生理环境舒适的得分较低，住区认同感、室内环境健康、交通出行便利和心理环境舒适的得分较高；经过改造，除了室内环境健康，其他指标得分都得到了一定的提升，室外环境健康和交通出行便利的提升较低；公众参与度、建筑单体安全、配套设施安全、生活服务便利和生理环境舒适等方面实现了较为显著的提升。

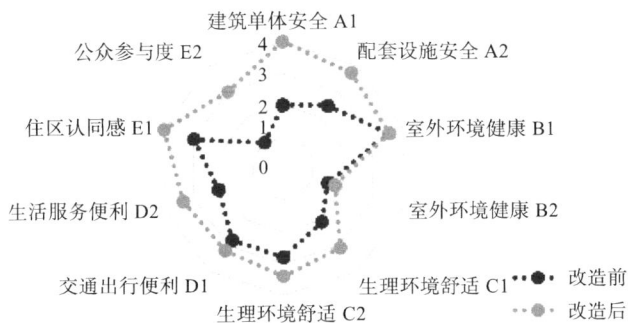

图 6-13　改造实施前后二级指标得分情况

3）环境质量 QI

该案例改造前环境品质得分为 62.155，改造前的环境品质评级较低，改造的空间和潜力较大，实施改造后得分为 85.693，品质提升度 ΔQ 为 23.5。根据式（5-20）计算得改造的环境质量 QI 为：

$$QI = 100 \times \frac{23.5}{90 - 62.155} = 84.531$$

（3）社区 C

1）数据收集

向该社区党群服务中心的本次改造负责人进行咨询，并邀请专家对环境品质提升评价表中的客观指标进行打分，结合实地调研；主观指标通过在小区中发放满意度问卷统计得到，共回收问卷 68 份。梳理得到该案例的环境质量得分及其改造内容如表 6-14 所示。

环境质量得分及其改造内容 - 社区 C　　　　　　表 6-14

一级指标	二级指标	三级指标	改造前得分	改造后得分	改造内容
安全性 A	建筑单体安全 A1	结构和电气 A1-1	1	3	防雷设施修缮、电气管线整治
		围护结构 A1-2	1	4	屋面修缮、外墙修缮
	配套设施安全 A2	道路环境 A2-1	2	3	路面修补
		监控防护设施 A2-2	3	3	—
		消防设施 A2-3	1	3	室内消防设施完善、通道畅通
健康性 B	室内环境健康 B1	声环境 B1-1	3	3	—
		热湿环境 B1-2	3	3	—
	室外环境健康 B2	热环境 B2-1	1	1	—
		光环境 B2-2	1	1	—
		声环境 B2-3	2	2	—
舒适性 C	生理环境舒适 C1	楼栋电梯 C1-1	1	1	—
		卫生质量 C1-2	2	4	垃圾回收处理、垃圾收集点
		海绵化设施 C1-3	1	2	管网改造
	心理环境舒适 C2	住区风貌 C2-1	2	4	围墙、出入口提升
		景观绿化 C2-2	4	4	—
		楼道环境 C2-3	2	4	楼栋灯具完善、楼道美化
便利性 D	交通出行便利 D1	公共交通服务设施 D1-1	4	4	—
		停车设施 D1-2	1	2	路面停车改造
		无障碍设施 D1-3	2	4	无障碍设施改造
	生活服务便利 D2	社区管理设施 D2-1	2	4	智慧管理平台
		文体活动设施 D2-2	2	4	健身设施增设
		养老幼托设施 D2-3	2	3	适老设施增设
		便民服务设施 D2-4	1	3	信报箱、文化宣传栏改造
归属感 E	住区认同感 E1	—	3	4	认同感从 86.95% 提升至 97.1%
	公众参与度 E2	—	1	3	问卷咨询住户意见 73% 左右

2）品质提升评价

按照式（5-16），将各三级指标得分与权重结合，计算得该案例改造前的得分为：

$$Q_{former} = 25 \times \sum W_i \times C_{i\text{-}former} = 50.967$$

改造后的得分为：

$$Q_{latter} = 25 \times \sum W_i \times C_{i\text{-}latter} = 78.861$$

该案例小区在改造前的环境品质评级为低，改造后环境品质等级提升至良，改造后整体环境品质实现了有效的升级，品质提升度 ΔQ 为 27.9。

该案例改造实施前后二级指标得分情况如图 6-14 所示，本案例的改造在室内外环境健康方面没有提升，建筑单体安全、公众参与度、生活服务便利、配套设施安全等方面的提升较高。

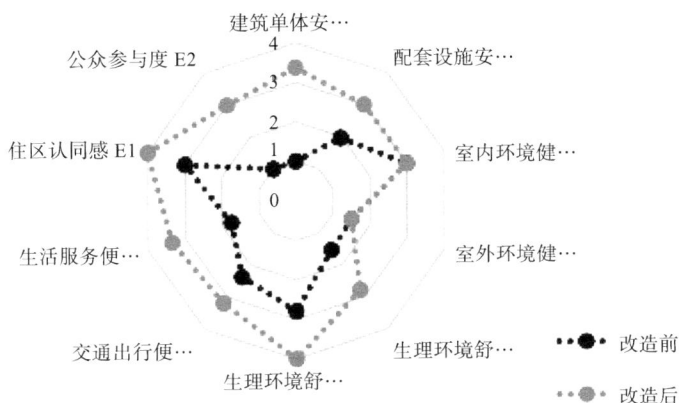

图 6-14　改造实施前后二级指标得分情况

3）环境质量 QI

该案例改造前环境品质得分为 50.967，改造前的环境品质评级为中，实施改造后得分为 78.861，评级提升为良。品质提升度 ΔQ 为 27.9。根据式（5-20）计算得改造的环境质量 QI 为：

$$QI = 100 \times \frac{27.9}{90 - 50.967} = 71.463$$

6.2.3　综合环境效率

（1）社区 A

该案例改造的环境负荷 L 得分为 58.51，环境质量 QI 得分为 61.020，该案例的综合环境效率 BEE 得分为：

$$BEE = \frac{61.020}{58.51} = 1.043$$

如图 6-15 所示，该案例改造的环境综合效率评级为 C 级。

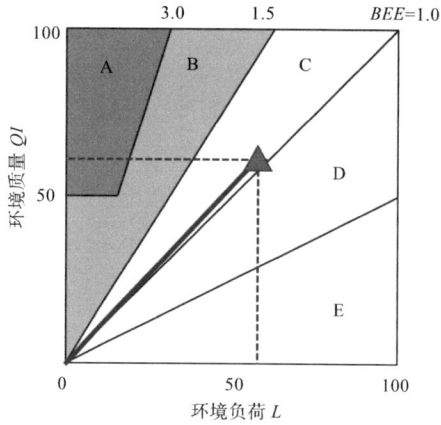

图 6-15　改造的环境综合效率评级

（2）社区 B

该案例改造的环境负荷 L 得分为 61.44，环境质量 QI 得分为 84.531，该案例的综合环境效率 BEE 得分为：

$$BEE = \frac{84.531}{61.44} = 1.376$$

如图 6-16 所示，该案例改造的环境综合效率评级为 C 级。

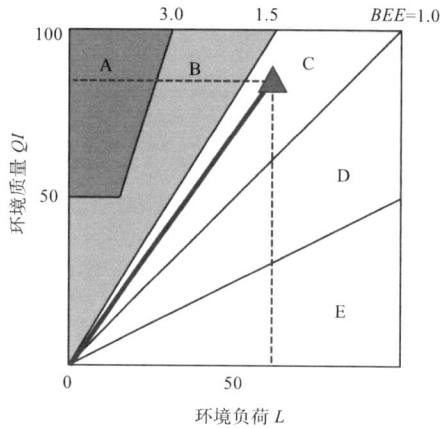

图 6-16　改造的环境综合效率评级

（3）社区 C

该案例改造的环境负荷 L 得分为 64.26，环境质量 QI 得分为 71.463，该案例的综合环境效率 BEE 得分为：

$$BEE = \frac{71.463}{64.26} = 1.112$$

如图 6-17 所示，该案例改造的环境综合效率评级为 C 级。

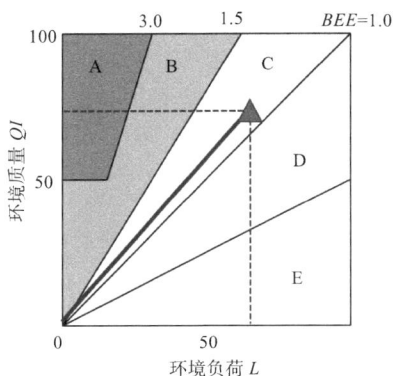

图 6-17　改造的环境综合效率评级

6.3　案例环境效率优化策略

经过改造的实施，三个案例在环境品质都得到了较高的提升，环境品质提升度都超过了 20；而在环境负荷方面，目前的住区改造涉及减碳的措施不多，仅有社区 A 的改造实现了较为微小的减碳效果，社区 B 和社区 C 的改造碳排放影响为增碳，得分并不理想，综合环境效率 BEE 难以上升至 B 以上的等级。因此，可以从减少全生命周期碳排放的目标入手，进一步探索案例住区改造的综合环境效率提升的可能性。环境负荷 L 方面，案例已经实施了绿化增设、节能灯具更换、雨污分流改造和垃圾回收处理等减碳措施。除此之外，还可以实施太阳能光伏增设、雨水回用和增设屋面保温等措施进一步实现节能减排。

（1）太阳能光伏增设

太阳能光伏技术的发展和应用对于建筑节能减排有很大的现实意义，在居住建筑中应用太阳能光伏系统，对于整个生态城市的建设有巨大价值[173]。城镇既有住区改造为推广建筑光伏系统提供给了机遇[174]。

假设屋面光伏可利用系数取 0.5[175]，铺设发电效率为 15% 的单晶硅发电组件，光伏发电系统的损失效率为 25%[142]。则使用阶段光伏系统的发电量可根据下式进行计算。

$$E_{pv} = I \times K_E \times (1 - \varepsilon) \times A_{pv} \tag{6-1}$$

式中，E_{pv}——光伏系统发电量（kWh）；

I——光伏电池表面的太阳辐射强度（kWh/m^2）；

K_E——光伏电池发电效率（%）；

ε——光伏系统损失效率（%）；

A_{pv}——光伏系统面积（m^2）。

根据相关研究[176]，$1m^2$ 光伏组件在生产阶段和使用阶段分别产生 $160.86kgCO_2$ 和 $4.93kgCO_2$ 的碳排放，拆除阶段的碳排放为 $-9.88kgCO_2$。经核算，案例增设太阳能光伏的碳排放影响如表 6-15 所示，该项措施在三个案例中都能取得很好的减排效果。

案例增设太阳能光伏的碳排放影响　　　　　表 6-15

	物化阶段（tCO_2）	使用阶段（tCO_2）	拆除阶段（tCO_2）	合计（tCO_2）
社区 A	997.3	−11573.7	−60.5	−10636.8
社区 B	2628.8	−22879.5	−159.4	−20410.2
社区 C	1321.3	−10222.2	−80.1	−8981.0

（2）屋面雨水回用

浙江省降水量较为充沛，具备雨水回用条件。此外雨水资源化还能提高城市的雨洪调节功能，具有良好的节水效能和环境生态效益。小区屋面雨水不直接与地面接触，污染小，并且可借助檐沟、雨落管直接收集利用[177]，在雨水路径的末端增设蓄水池、雨水处理设备收集回用雨水，可以用于小区内绿化及路面浇洒[178]。雨水回用量的计算方法如下[179]：

$$W_{ya} = (0.6 \sim 0.7) \times 10 \times \psi_c \times h_a \times F \qquad (6\text{-}2)$$

式中，W_{ya}——雨水年径流量（m^3）；

ψ_c——径流系数，下垫面为硬质屋面，取 0.9；

h_a——常年降雨厚度（mm）；

F——计算汇水面积（hm^2）。

根据计算，三个小区的蓄水池容积分别为 $40m^3$、$215m^3$ 和 $75m^3$，采用混凝土浇筑；年雨水回收利用量分别为 $4303m^3$、$23350m^3$ 和 $8163m^3$。计算得到三个案例增设雨水回用的碳排放影响如表 6-16 所示，该项措施在三个小区中都能取得减碳效果。

案例增设雨水回用的碳排放影响　　　　　表 6-16

	物化阶段（tCO_2）	使用阶段（tCO_2）	拆除阶段（tCO_2）	合计（tCO_2）
社区 A	5.9	−31.0	3.2	−21.9
社区 B	17.8	−126.1	9.8	−98.5
社区 C	8.9	−39.2	4.9	−25.4

（3）屋面保温增设

既有建筑的围护结构热工性能较差，能耗损失严重。案例的改造方案中都涉及屋面修缮，如果在此项改造的同时增设屋面保温，将对住宅供暖、空调能耗产生较好的效益。根据相关研究，若既有住宅建筑的屋面增设 40mm 厚挤塑聚苯板（XPS），供暖制冷能耗能够降低 12% 左右[180]。基于此，若在案例小区的改造中，增设所有居住建筑的屋面保温，将能够取得很高的节能减排效果，案例增设屋顶保温的碳排放影响如表 6-17 所示。

案例增设屋顶保温的碳排放影响　　　　　　　　　　　　　　表 6-17

	物化阶段（tCO$_2$）	使用阶段（tCO$_2$）	拆除阶段（tCO$_2$）	合计（tCO$_2$）
社区 A	2.3	−931.6	0.4	−928.9
社区 B	3.0	−4887.0	0.6	−4883.4
社区 C	6.0	−1679.0	1.2	−1671.9

若三个案例小区（社区 A、社区 B 和社区 C）在改造中增加上述三项改造措施的实施，得到案例优化后碳排放影响及减碳效率如表 6-18 所示。这三项措施均能够降低住区碳排放，太阳能光伏增设的减碳效果最好，其次是屋面保温增设，屋顶雨水回用实现的减碳量较少。三个案例经过优化后能够分别实现生命周期碳减排 11931t、24497t 和 9463t，整体减碳效率的提升情况分别为：社区 A 由 0.93% 提升至 32.3%；社区 B 由 −0.38% 提升至 14%；社区 C 由 −1.29% 提升至 15.10%。减碳效果均实现了很高的提升，环境负荷 L 的得分也随之大幅降低。

案例优化后碳排放影响及减碳效率　　　　　　　　　　　　　表 6-18

案例		社区 A	社区 B	社区 C
年碳排放量（tCO$_2$/年）		1539.06	9720.66	3915.89
碳排放影响（tCO$_2$）	原始改造方案	−343.59	895.02	1215.6
	优化改造方案	−11931.2	−24497.1	−9462.67
	太阳能光伏增设	−10636.8	−20410.2	−8981
	屋顶雨水回用	−21.91	−98.52	−25.40
	屋面保温增设	−928.92	−4883.37	−1671.88
优化前整体减碳效率 R		0.93%	−0.51%	−1.94%
优化后整体减碳效率 R		32.30%	14.00%	15.10%
环境负荷 L 得分		9.05	31.85	29.86

案例改造方案优化前后的 BEE 得分如图 6-18 所示。如果能够在改造方案中补充实施上述三项减碳措施，社区 A 的改造方案的综合环境效率 BEE 得分将由 1.04 提

升至 6.74，等级由 C 提升至 A；社区 B 的改造方案的得分由 1.38 提升至 2.65，等级由 C 提升至 B；社区 C 的改造方案的得分由 1.11 提升至 2.39，等级由 C 提升至 B。实施有效的减碳策略能够实现改造方案的环境效率大幅提升。

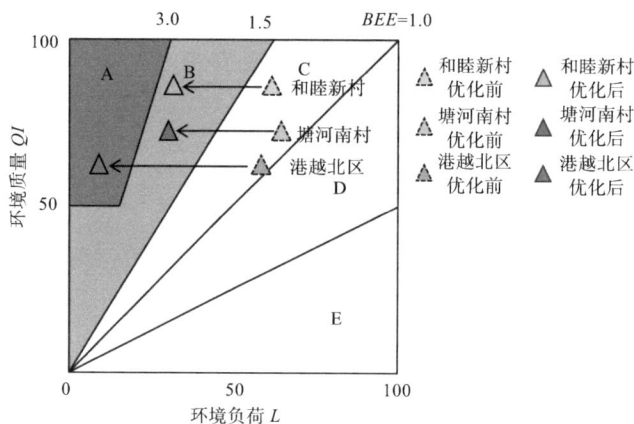

图 6-18 案例改造方案优化前后的 *BEE* 得分

6.3.1 减碳优化

在三个案例中，具有减碳效益的措施包括：路面绿化增设、违规违建整治、节能灯具更换、管网改造、垃圾回收处理、太阳能光伏增设、屋面雨水回用和屋面保温增设这 8 项措施。综合三个案例，各项措施的碳回收时间和碳减排强度见图 6-19。碳回收时间方面，路面绿化增设和屋面雨水回用的碳回收时间较长，分别为 13 年和 5.5 年；其次是太阳能光伏增设和管网改造，碳回收时间分别为 1.9 年和 0.6 年，其他措施的碳回收时间都不超过 0.1 年。从单位建筑面积减碳量来看，太阳能光伏增设、屋面保温增设、垃圾回收处理、管网改造、违规违建整治和节能灯具更换等措施的减碳效果较好，而路面绿化增设和屋面雨水回用的减碳量相对较低。

基于上述案例的核算结果和文献调研，提出既有住区改造的减碳优选技术清单如图 6-20 所示。并根据各项措施的减碳效果和现有住区改造中的实施推广情况，对住区中减碳改造措施进行优先度划分。一级优先包括屋面保温增设、垃圾回收处理、雨污分流改造、违规违建整治和更换节能灯具。屋面保温增设能够与目前的改造中屋顶修缮同步进行，可实施性较高，并且根据核算结果，有很好的节能减排效益；Dong J 等发现对杭州的生活垃圾进行分类回收能够减少 23% 的温室气体排放[181]；雨污分流作为海绵城市建设的重要举措，对住区碳减排也有较大的效益；违规违建整治能够减少供暖空调面积，从而降低排放；高效照明被认为是最具有成本效益的减碳措施[182]。二级优先措施中，可再生能源的使用如太阳能光伏、太阳能热水、地源热泵等具有很高的节能减排潜力[183]，但受制于成本费用和实施难度等因素，目前在既有住区中的推广难度较高；屋面雨水回用需要修建蓄水池，回用雨水主要用于绿化和屋面浇灌，减碳量一般；路面绿化增设和停车空间冲突，故目前的实施力度不高，建议通过增设乔木实现较高的碳汇，或者增加立体绿化，除了提供碳汇，还能够缓解热岛效应，从而降低一定空调能耗[184]。

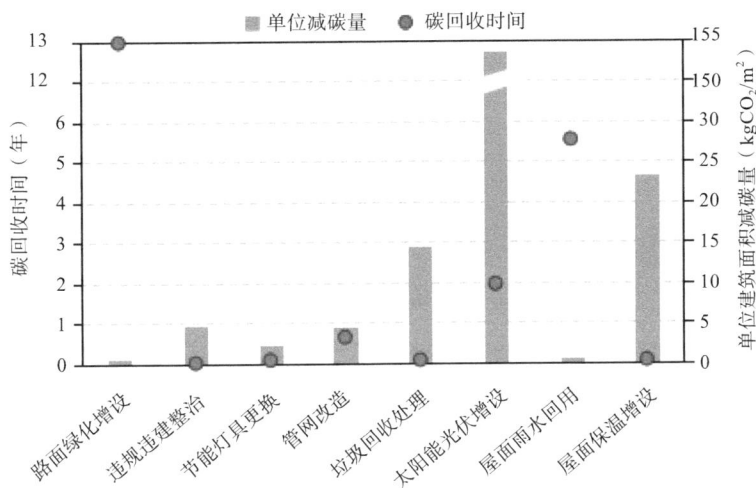

图 6-19　各项措施的碳回收时间和碳减排强度

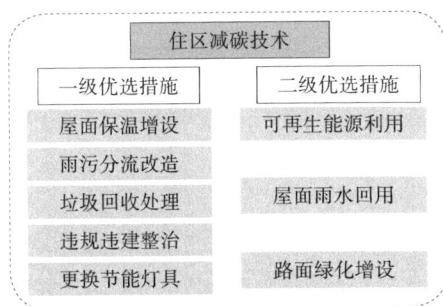

图 6-20　既有住区改造的减碳优选技术清单

　　除了住区的改造措施外，住区的碳排放既受当地城市的建设的影响，又与居民的日常生活消费密切相关。当地城市基础设施的建设如优化火电装机比例、优化垃圾处理方式等技术对住区的碳排放将产生显著影响。居民层面，居民的节能减排意识至关重要，鼓励环境保护和绿色消费能够降低家庭碳排放，例如使用节能电器、促进垃圾分类等[185]。

6.3.2　品质提升优化

　　指标权重反映了指标的重要程度，但无法反映实际改造过程中指标得分提升的可能性（提升空间及实施难度）。例如，室内声环境 B1-1、热湿环境 B1-2 这两项指标的权重虽然很高，但品质提升度均为 0，这是由于目前的改造较少并且较难涉及住户室内，故不作为一级优选技术；同样地，室外热环境和声环境在目前的改造中提升的难度较大，较少涉及；公共交通服务设施 D1-1 的指标权重较高，案例调研发现，既有住区所处位置多为主城区，交通条件较好，初始得分较高，改造提升空间较小。故综合考虑指标权重和实际项目中实现的品质提升度，进行品质优选技术的筛选，三级指标的品质提升和权重得分如图 6-21 所示。

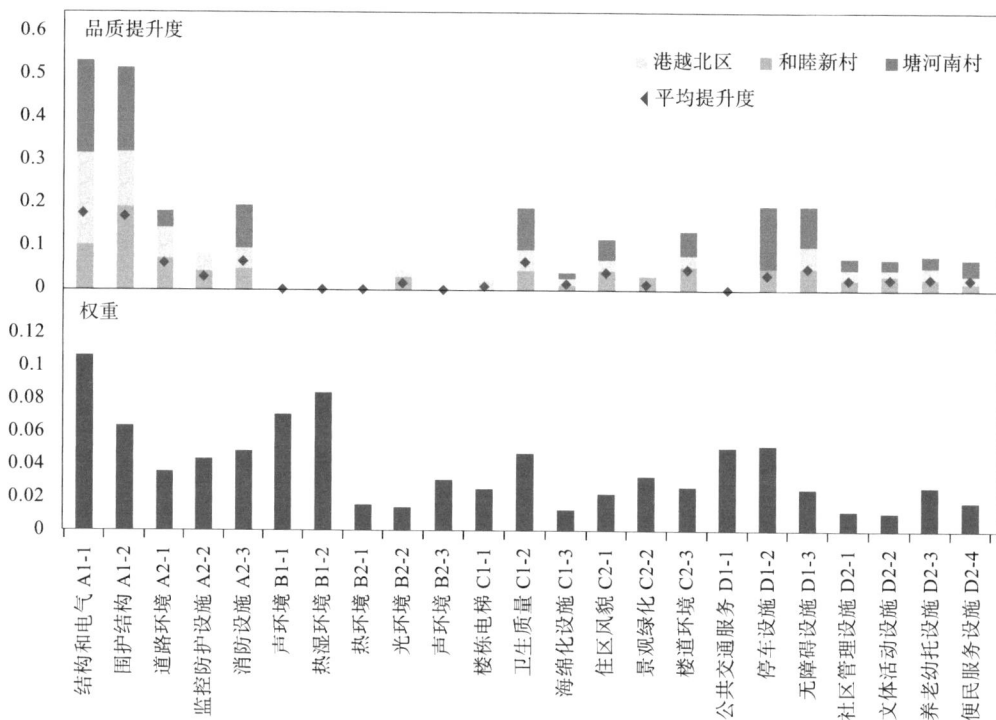

图 6-21　三级指标的品质提升和权重得分

从案例的三级指标提升度来看，能实现较高提升度的指标包括结构和电气 A1-1、围护结构 A1-2、消防设施 A2-3、卫生质量 C1-2 和道路环境 A2-1；其次是无障碍设施 D1-3、楼道环境 C2-3、住区风貌 C2-1、监控防护设施 A2-2 和停车设施 D1-2。可见目前的改造重点在住区安全性、舒适性和便利性等方面，健康性方面的改造较少涉及。此外，权重方面，声环境 B1-1、热湿环境 B1-2、公共交通服务 D1-1 等较高，但提升度低。根据各三级指标的权重和所实现的平均提升度的排序分级，对指标及其对应的措施进行品质优选的分类，品质优选分级划分依据见表 6-19 所示。

品质优选分级划分依据　　表 6-19

分级	低	中	高
权重	< 0.02	[0.02，0.04]	> 0.4
平均提升度	< 0.02	[0.02，0.04]	> 0.4
品质优选度 -（权重，平均提升度）	（低，低）； （低，中）	（低，高）； （高，低）； （中，中）； （中，低）	（高，高）； （高，中）； （中，高）

品质优选分级划分结果见表 6-20，其中，优选度高的指标有 10 项，以安全性为最多，这些指标具有较高的权重并在实际案例中取得了较好的得分提升，涉及改造措施包括电气设施完善、围护结构修缮、道路改造、安防设施和消防设施完善等；优选度中的指标 7 项，涉及措施包括围护结构改造、室外声景打造、电梯改造等；优选度低的措施 6 项，指标的权重较低且实施中未取得较好的品质提升，涉及措施包括照明设施完善、管网改造、配套用房完善等。

品质优选分级划分结果　　表 6-20

三级指标	权重分级	平均提升度分级	品质优选度	对应改造措施
结构和电气 A1-1	高	高	高	电气设施完善
围护结构 A1-2	高	高	高	围护结构修缮
道路环境 A2-1	中	高	高	道路改造
监控防护设施 A2-2	高	中	高	安防设施完善
消防设施 A2-3	高	高	高	消防设施完善
声环境 B1-1	高	低	中	围护结构改造
热湿环境 B1-2	高	低	中	围护结构改造
热环境 B2-1	低	低	低	绿化增设
光环境 B2-2	低	中	低	照明设施完善
声环境 B2-3	中	低	中	室外声景打造
楼栋电梯 C1-1	中	低	中	电梯改造
卫生质量 C1-2	高	高	高	环卫设施完善
海绵化设施 C1-3	低	中	低	管网改造
住区风貌 C2-1	中	高	高	立面美化、小区形象打造
景观绿化 C2-2	中	中	中	绿化增设、景观设施增设
楼道环境 C2-3	中	高	高	楼道整治
公共交通服务 D1-1	高	低	中	交通设施完善
停车设施 D1-2	高	高	高	停车设施完善
无障碍设施 D1-3	中	高	高	完善无障碍设施
社区管理设施 D2-1	低	中	低	配套用房完善

续表

三级指标	权重分级	平均提升度分级	品质优选度	对应改造措施
文体活动设施 D2-2	低	中	低	休闲健身配套
养老幼托设施 D2-3	中	中	中	养老幼托设施完善
便民服务设施 D2-4	低	中	低	生活设施完善

结合实际改造工程的可实施性和评价体系中各项指标的权重，提出品质优选技术清单，见图 6-22：安全性中，建筑安全、消防安全、道路环境和安防设施的完善都较为重要且可实施性高，为一级优选；健康性中，围护结构和室外声景的重要性较高、但可实施性稍低，为二级优选；舒适性中，环卫设施完善、住区风貌美化和楼道环境整治为一级优选，而景观绿化增设和楼栋电梯完善为二级优选；便利性中，停车设施改造、无障碍设施为一级优选，公共交通设施和养老幼托设施完善为二级优选；最后，智慧管理平台搭建和公众参与对提升居民归属感有较大的作用。

类别	安全性				健康性		舒适性					便利性				归属感	
优选措施	建筑安全维护	消防设施完善	道路环境整治	安防设施完善	围护结构改造	室外声景打造	环卫设施完善	住区风貌美化	楼道环境整治	景观绿化增设	楼栋电梯完善	停车设施改造	无障碍设施改造	公共交通设施完善	养老幼托设施完善	智慧管理平台	重视公众参与

图 6-22　品质优选技术清单

6.3.3　综合优化

结合品质提升度、碳减排效果两方面，并辅以经济性对各项措施进行综合评估。根据三个案例的核算结果，按照各项因素的排序并考虑各项等级的措施数量均衡性，制定优选度划分依据如表 6-21 所示。按照此依据对案例中各项措施的三个因素进行优选度“高”“中”“低”的等级划分。并按照三个因素的分级得到综合优选度的等级，划分依据如下：

综合优选度低：三个因素等级均为中或低，且不全部都是中。

综合优选度中：三个因素均为中；品质提升度和碳排放二者优选度等级一高一低、费用优选度等级为低；品质提升度和碳排放二者优选度等级均为高、费用优选度等级为高。

综合优选度高：品质提升度和碳排放二者优选度等级均为高，或一高一中；品质提升度和碳排放二者优选度等级一高一低、费用优选度等级为高或中。

优选度划分依据　　　　　　　　　　　　　　　　表 6-21

分级	低	中	高
品质提升度	< 0.02	[0.02，0.05）	≥ 0.05
碳排放影响（$kgCO_2/m^2$）	> 2	（0，2]	≤ 0
费用（元/m^2）	> 10	（5，10]	≤ 5
综合优选度-（提升度，碳排放，费用）	（低/中,低/中,低/中） 【除（中，中，中）】	（中，中，中） （高，低，低） （低，高，低） （低/中,低/中,高）	（高，高/中，×） （高/中，高，×） （低，高，中/高） （高，低，中/高）

三个案例中各项措施的综合优选度结果如图 6-23 所示。社区 A 中，综合优选度最高的措施为电气管线整治、违章违建整治、路面修补、垃圾回收处理、绿化增设、节能灯具更换和路面停车改造，综合优选度较低的措施为单元门头更新；社区 B 的改造中，综合优选度最高的措施包括防雷设施修缮、电气管线整治、垃圾回收处理和节能灯具更换，综合优选度较低的措施为电梯和路灯增设；社区 C 的改造中，防雷设施修缮、电气管线整治、外墙修缮、消防设施完善、垃圾回收处理、节能灯具更换和路面停车改造是优选度较高的措施，路面修补、出入口及围墙改造、单元门头更新、楼道美化和活动场地改造的综合优选度较低。既有住区改造前的状态有所差异，各项措施在不同小区的实施情况也有所不同。整体来看，违章违建整治、防雷设施修缮、电气管线整治、路面停车改造、管网改造、垃圾回收处理、绿化增设、

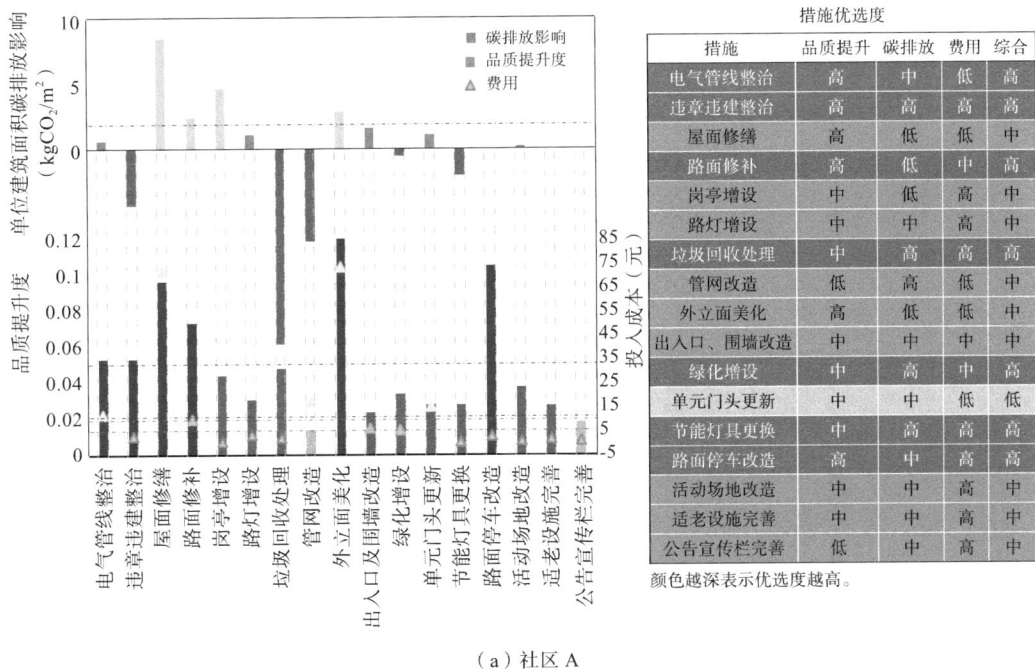

措施优选度

措施	品质提升	碳排放	费用	综合
电气管线整治	高	中	低	高
违章违建整治	高	高	高	高
屋面修缮	高	低	低	中
路面修补	高	低	中	高
岗亭增设	中	低	高	中
路灯增设	中	中	中	中
垃圾回收处理	中	高	高	高
管网改造	低	高	中	中
外立面美化	高	低	低	中
出入口、围墙改造	中	中	中	中
绿化增设	中	高	中	高
单元门头更新	中	中	低	低
节能灯具更换	中	高	高	高
路面停车改造	高	中	高	高
活动场地改造	中	中	中	中
适老设施完善	中	中	中	中
公告宣传栏完善	低	中	高	中

颜色越深表示优选度越高。

（a）社区 A

图 6-23　各项措施的综合优选度结果（一）

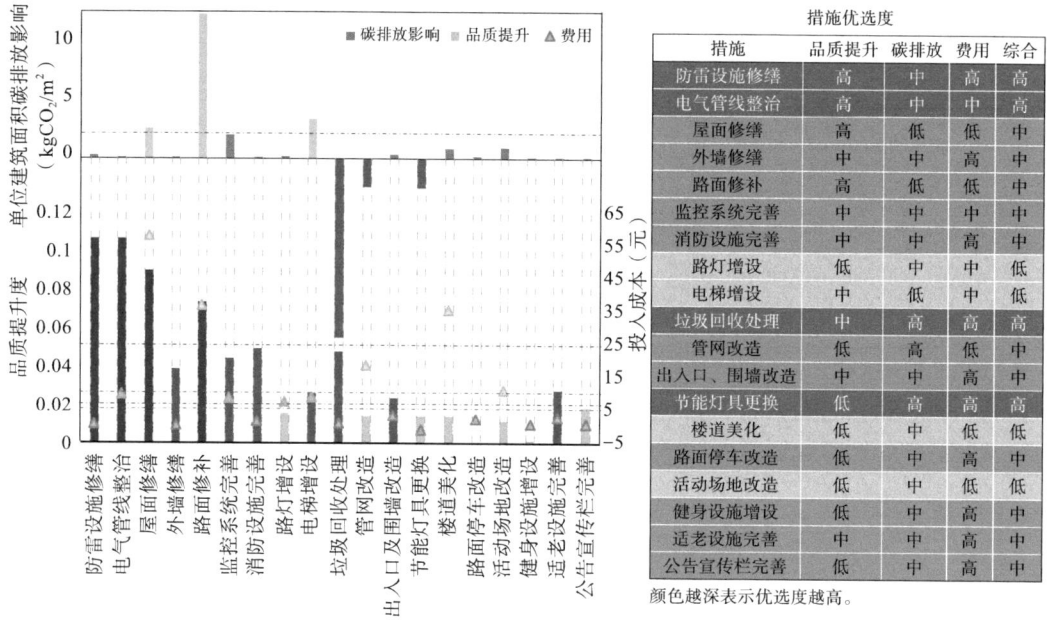

（b）社区 B

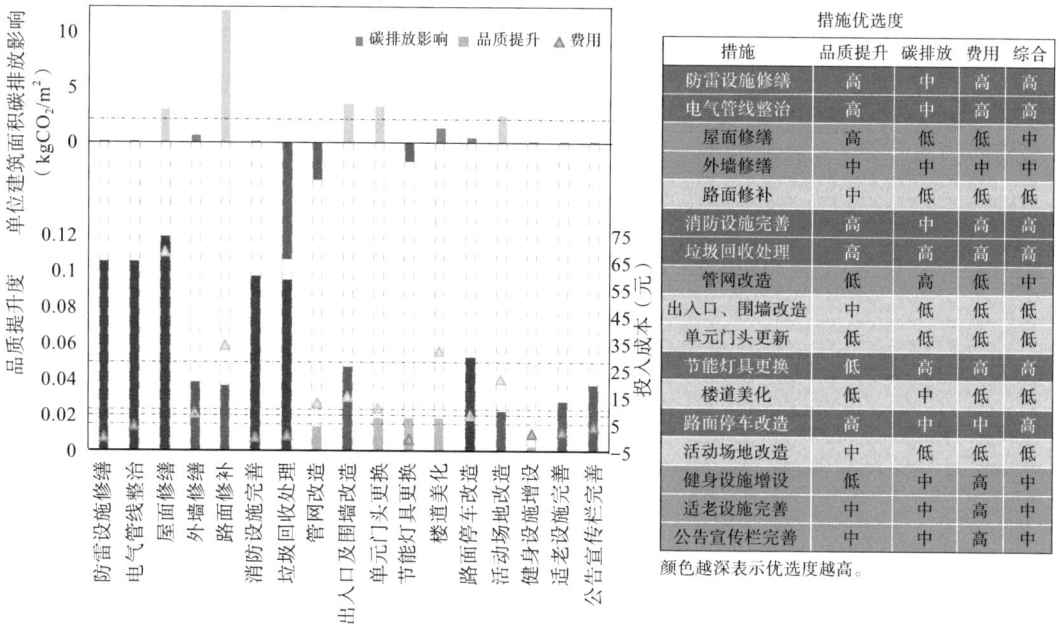

（c）塘河新村

图 6-23　各项措施的综合优选度结果（二）

节能灯具更换等措施的综合推荐度较高。出入口及围墙改造、活动场地改造、单位门头更新和楼道美化等措施对住区风貌有较大提升，但是综合优选度并不高，反映出目前仅重"面子"而忽视"里子"的改造已经不能满足居民的需求。

　　汇总各项措施在案例小区中得到的优选度，若措施在某案例小区中的综合优选度表现为高，且在其他案例中表现为高或中，认为综合优选等级为一级；若措施在某案例小区中的综合优选度表现为低，且在其他案例中表现为低或中，认为综合优选等级为三级；其他情况则认为是二级优选。综合优选度划分结果如表 6-22 所示。

综合优选度划分结果　　　　　　　　　　　　表 6-22

措施	社区 A	社区 B	社区 C	综合优选等级
防雷设施修缮	—	高	高	一级
电气管线整治	高	高	高	一级
违章违建整治	高	—	—	一级
屋面修缮	中	中	中	二级
外墙修缮	—	中	中	二级
路面修补	高	中	低	二级
监控系统完善	—	中		二级
岗亭增设	中	—	—	二级
消防设施完善	—	中	高	一级
路灯增设	中	低	—	三级
电梯增设	—	低		三级
垃圾回收处理	高	高	高	一级
管网改造	中	中	中	二级
外立面美化	中	—	—	二级
出入口及围墙改造	中	中	低	三级
绿化增设	高	—	—	一级
单元门头更新	低		低	三级
节能灯具更换	高	高	高	一级
楼道美化	—	低	低	三级
路面停车改造	高	中	高	一级
活动场地改造	中	低	低	三级
健身设施增设	—	中	中	二级
适老设施完善	中	中	中	二级
生活设施完善	中	中	中	二级

　　经过梳理，可得到综合优选技术清单如图 6-24 所示。一级综合优选措施 7 项，包括建筑安全维护、违章违建整治、消防设施完善、环卫设施改造、绿化增设、节能灯具更换和路面停车改造；二级综合优选措施 10 项，包括围护结构改造、道路设施完善、安防设施完善、雨污分流改造、外立面美化、适老设施完善、无障碍设施改造、生活设施完善等。而路灯、电梯增设等基础配套完善措施由于产生碳排放较

高、费用较高，被认为是三级优选措施；出入口及围墙改造、单元门头更新、楼道美化和活动场地改造等住区风貌美化的措施的综合效益也较低，被列为三级优选措施。此外，围护结构节能改造和可再生能源利用在碳减排和经济性方面有较好的收益，故增至二级优选措施。

一级优选	二级优选	三级优选
建筑安全维护	围护结构改造	路灯增设
违章违建整治	道路设施完善	电梯增设
消防设施完善	安防设施完善	出入口及围墙改造
环卫设施改造	雨污分流改造	单元门头更新
绿化增设	外立面美化	楼道美化
节能灯具更换	适老设施完善	活动场地改造
路面停车改造	无障碍设施改造	
	生活设施完善	
	围护结构节能改造	
	可再生能源利用	

图 6-24 综合优选技术清单

参考文献

[1] Zhang X，Wang F. Life-cycle assessment and control measures for carbon emissions of typical buildings in China[J]. Building and Environment，2015，86：89–97.

[2] 田轶威. 基于低碳目标的杭州既有城市住区改造策略与方法研究 [D]. 杭州：浙江大学，2012.

[3] International Energy Agency. Global Carbon Emissions Report 2023[M]. IEA，2023.

[4] IEA（2024）. CO_2 Emissions in 2023[EB/OL]. [2024]. https：//www.iea.org/reports/CO_2-emissions-in-2023.

[5] Liu G，Li X，Tan Y，et al. Building green retrofit in China：Policies，barriers and recommendations[J]. Energy Policy，2020，139：111356.

[6] Xing J，Chen J，Ling J. Energy consumption of 270 schools in Tianjin，China[J]. Frontiers in Energy，2015，9（2）：217-230.

[7] 朱丽,武好文,董轶欣,等. 天津市中小学建筑用能现状与能耗特征研究 [J]. 建筑节能（中英文），2023，51（12）：52-58.

[8] 潘洲. 上海市中小学建筑能耗与节能潜力分析 [J]. 上海节能，2018（9）：711-717.

[9] 唐文龙，沈俊杰，龚延风. 南京市中小学校园建筑能耗定额的研究 [J]. 建筑热能通风空调，2018，37（12）：22-27.

[10] 李洁,李志民. 新型中小学普通教室学习环境初探 [J]. 西安建筑科技大学学报（自然科学版），2006（2）：163-167.

[11] 方雨航. 中小学校教学楼低碳健康性能综合优化方法及技术策略 [D]. 杭州：浙江大学，2023.

[12] 黄梓薇，赵康，葛坚，等. 杭州绿色中学教室室内环境实测评价研究 [J]. 建筑与文化，2019（9）：76-77.

[13] 张雪. 城市既有住区更新改造策略研究 [D]. 西安：西安建筑科技大学，2013.

[14] HuoT，Cao R，Du H，et al. Nonlinear influence of urbanization on China's urban residential building carbon emissions：New evidence from panel threshold model[J]. Science of The Total Environment，2021，772：145058.

[15] 顾昊. 老旧小区绿色改造综合效益评价研究 [D]. 西安：西安建筑科技大学，2020.

[16] 王清勤，范东叶，赵力，等. 既有城市住区升级改造的发展概况与研究重点探讨 [J]. 工程建设标准化，2019（06）：75-78.

[17] 刘婧婧. 旧城改造的可持续性综合评价体系研究 [D]. 武汉：武汉理工大学，2014.

[18] 吕晓田."宜居重庆"背景下旧居住区改造综合评价研究 [D]. 重庆：重庆大学，2011.

[19] Alabid J，Bennadji A，Seddiki M. A review on the energy retrofit policies and improvements of the UK existing buildings, challenges and benefits[J]. Renewable and Sustainable Energy Reviews, 2022, 159：112161.

[20] Liu G，Tan Y，Li X. China's policies of building green retrofit：A state-of-the-art overview[J]. Building and Environment, 2020, 169：106554.

[21] 谢琳琳，严浩鹏，邱殷超，等.广州市老旧小区"片区化"改造路径探索研究 [J]. 建筑经济，2024，45（S2）：21-25.

[22] 王鑫.老旧小区绿色改造潜力综合评价研究 [D]. 扬州：扬州大学，2024.

[23] 董玉琴，田杰芳.基于 TF-AHP 及云物元的老旧小区绿色化改造综合效益评价 [J]. 华北理工大学学报（自然科学版），2022，44（4）：52-59.

[24] 叶青，方敏，赵强，等.基于差分进化法的城市既有住区绿色化改造多目标综合优化方法研究 [J]. 城市发展研究，2020，27（11）：1-6.

[25] 王玮.基于云模型 -VIKOR 的城镇老旧小区改造优先级决策研究 [D]. 太原：山西财经大学，2023.

[26] 范一鹏.既有公共建筑绿色改造的决策分析 [D]. 武汉：武汉科技大学，2016.

[27] 李奕锜，潘雨红.老旧小区改造潜力测算与更新方案决策研究 [J]. 建筑经济，2021，（1）：92-96.

[28] Rosso F，Ciancio V，Dell'olmo J，et al. Multi-objective optimization of building retrofit in the Mediterranean climate by means of genetic algorithm application[J]. Energy and Buildings, 2020, 216：109945.

[29] Ascione F，Bianco N，De Stasio C，et al. Multi-stage and multi-objective optimization for energy retrofitting a developed hospital reference building：A new approach to assess cost-optimality[J]. Applied Energy, 2016, 174：37-68.

[30] Chantrelle F P，Lahmidi H，Keilholz W，et al. Development of a multicriteria tool for optimizing the renovation of buildings[J]. Applied Energy, 2011, 88（4）：1386-1394.

[31] Sharif S A，Hammad A. Simulation-Based Multi-Objective Optimization of institutional building renovation considering energy consumption, Life-Cycle Cost and Life-Cycle Assessment[J]. Journal of Building Engineering, 2019, 21：429-445.

[32] He Q，Hossain M U，Ng S T，et al. A cost-effective building retrofit decision-making model–Example of China's temperate and mixed climate zones[J]. Journal of Cleaner Production, 2021, 280：124370.

[33] Shadram F，Bhattacharjee S，Lidelöw S，et al. Exploring the trade-off in life cycle energy of building retrofit through optimization[J]. Applied Energy, 2020, 269：115083.

[34] Heracleous C，Michael A，Savvides A，et al. A methodology to assess energy-demand savings and cost-effectiveness of adaptation measures in educational buildings in the warm Mediterranean region[J]. Energy Reports，2022，8：5472-5486.

[35] Moazzen N，Ashrafian T，Yilmaz Z，et al. A multi-criteria approach to affordable energy-efficient retrofit of primary school buildings[J]. Applied Energy，2020，268：115046.

[36] Asdrubali F，Ballarini I，Corrado V，et al. Energy and environmental payback times for an NZEB retrofit[J]. Building and Environment，2019，147：461-472.

[37] Ali H，Hashlamun R. Envelope retrofitting strategies for public school buildings in Jordan[J]. Journal of Building Engineering，2019，25：100819.

[38] Bugenings L A，Schaffer M，Larsen O K，et al. A novel solution for school renovations：Combining diffuse ceiling ventilation with double skin facade[J]. Journal of Building Engineering，2022，49.

[39] Pistore L，Pernigotto G，Cappelletti F，et al. A stepwise approach integrating feature selection，regression techniques and cluster analysis to identify primary retrofit interventions on large stocks of buildings[J]. Sustainable Cities and Society，2019，47：101438.

[40] Shen P，Braham W，Yi Y，et al. Rapid multi-objective optimization with multi-year future weather condition and decision-making support for building retrofit[J]. Energy，2019，172：892-912.

[41] Vilches A，Garcia-Martinez A，Sanchez-Montañes B. Life cycle assessment（LCA）of building refurbishment：A literature review[J]. Energy and Buildings，2017，135：286-301.

[42] Gil-Baez M，Padura Á B，Huelva M M. Passive actions in the building envelope to enhance sustainability of schools in a Mediterranean climate[J]. Energy，2019，167：144-158.

[43] Mytafides C K，Dimoudi A，Zoras S. Transformation of a university building into a zero energy building in Mediterranean climate[J]. Energy and Buildings，2017，155：98-114.

[44] Shadram F，Mukkavaara J. An integrated BIM-based framework for the optimization of the trade-off between embodied and operational energy[J]. Energy and Buildings，2018，158：1189-1205.

[45] 罗智星. 建筑生命周期二氧化碳排放计算方法与减排策略研究 [D]. 西安：西安建筑科技大学，2019.

[46] 钱骁，冯涛，马瑶瑶，齐贺. 深圳地区既有公共建筑改造碳排放计算方法 [J]. 施工技术，2018，47（S3）：93-96.

[47] 彭路续. 既有建筑改造过程碳排放计量及其综合评价 [D]. 沈阳：东北大学，2015.

[48] 叶青，赵强，宋昆. 中外绿色社区评价体系比较研究 [J]. 城市问题，2014（4）：74-81.

[49] 古小东. 国内外绿色社区评价指标体系比较研究 [J]. 建筑经济，2013（11）：83-87.

[50] 杨敏行，白钰，曾辉．中国生态住区评价体系优化策略——基于 LEED-ND 体系、BREEAM-Communities 体系的对比研究 [J]. 城市发展研究，2011，18（12）：27-31.

[51] 王茜茜．银川市城市宜居性评价与研究 [D]. 银川：宁夏大学，2014.

[52] 舒平，薛姣．天津市既有住区外部空间质量影响因素探究 [J]. 城市建筑，2018（34）：56-60.

[53] 巨继龙．基于满意度的人居环境宜居性评价 [D]. 兰州：西北师范大学，2015.

[54] Skalicky V，Čerpes I. Comprehensive assessment methodology for liveable residential environment[J]. Cities，2019，94：44–54.

[55] Ge. J.，Hokao，K. Residential environment index system and evaluation model established by subjective and objective methods[J]. Journal of Zhejiang University. Science，2004，5（9）：1028–1034.

[56] 孟醒．城市老旧小区改造宜居建设评价指标体系研究 [D]. 沈阳：沈阳大学，2013.

[57] 秦睿．合肥市朱大郢"城中村"建筑综合环境性能研究 [D]. 合肥：合肥工业大学，2015.

[58] 杨倩楠．广州市恩宁路永庆坊可持续住区更新评估 [D]. 广州：华南理工大学，2018.

[59] 吕晓田．"宜居重庆"背景下旧居住区改造综合评价研究 [D]. 重庆：重庆大学，2011.

[60] 日本可持续建筑联盟：CASBEE[EB/OL]. [2021-5-13]，https：//www.ibec.or.jp/CASBEE/english/.

[61] 中华人民共和国住房和城乡建设部．既有建筑绿色改造评价标准：GB/T 51141-2015 [S]. 北京：中国建筑工业出版社，2015.

[62] 马聪．浙江省中小学教学建筑减碳技术综合评估与选用策略研究 [D]. 杭州：浙江大学，2020.

[63] 浙江省住房和城乡建设厅．公共建筑节能设计标准：DB33/1036-2021[S]. 北京：中国计划出版社，2021.

[64] 中华人民共和国住房和城乡建设部．中小学校设计规范：GB 50099-2011[S]. 北京：中国建筑工业出版社，2012.

[65] 中华人民共和国住房和城乡建设部．绿色建筑评价标准：GB/T 50378-2019[S]. 北京：中国建筑工业出版社，2019.

[66] 中华人民共和国住房和城乡建设部．绿色校园评价标准：GB/T 51356-2019[S]. 北京：中国建筑工业出版社，2019.

[67] 中华人民共和国住房和城乡建设部．建筑节能与可再生能源利用通用规范：GB 55015-2021[S]. 北京：中国建筑工业出版社，2021.

[68] 毛艳辉，蔡立超，胡炯炯．屋顶绿化碳减排折算可再生能源应用量方法研究 [J]. 建筑节能，2018，46（11）：35-40.

[69] 黄玲玲．夏热冬冷地区既有建筑节能改造研究 [D]. 衡阳：南华大学，2020.

[70] Xing Q，Hao X，Lin Y，et al. Experimental investigation on the thermal performance of a vertical greening system with green roof in wet and cold climates during winter[J]. Energy and

Buildings，2019，183：105-117.

[71] Li Z，Chow D H C，Yao J，et al. The effectiveness of adding horizontal greening and vertical greening to courtyard areas of existing buildings in the hot summer cold winter region of China：A case study for Ningbo[J]. Energy and Buildings，2019，196：227-239.

[72] 陈康康. 绿化屋顶热工特性及建筑节能性分析 [D]. 上海：东华大学，2023.

[73] 李虎. 被动式节能技术对中小学教学楼生命周期能耗和碳排放影响研究 [D]. 西安：西安建筑科技大学，2021.

[74] 奚曦. 南通地区中小学教学建筑能耗特性及节能策略研究 [D]. 南京：东南大学，2020.

[75] 徐燊，江海华，王江华. 五种气候区条件下建筑窗墙比对建筑能耗影响的参数研究 [J]. 建筑科学，2019，35（4）：91-95+90.

[76] 马冉. 高校学生宿舍外窗朝向及窗墙比节能设计研究 [D]. 宜昌：三峡大学，2020.

[77] 程云，郑荣跃，黄莉，等. 夏热冬冷地区既有公共建筑围护结构节能改造策略研究——以宁波大学建工楼示范项目为例 [J]. 建筑节能，2014，42（8）：102-106.

[78] 钱琰. 徐州市幼儿园建筑围护结构节能改造技术研究 [D]. 徐州：中国矿业大学，2023.

[79] 钟天兰. 成都地区教学建筑外窗外遮阳设计研究 [D]. 成都：西华大学，2021.

[80] 丁云. 夏热冬冷地区建筑外遮阳应用探讨 [J]. 华中建筑，2016，34（1）：70-73.

[81] Tahsildoost M，Zomorodian Z S. Energy retrofit techniques：An experimental study of two typical school buildings in Tehran[J]. Energy and Buildings，2015，104：65-72.

[82] Katafygiotou M C，Serghides D K. Analysis of structural elements and energy consumption of school building stock in Cyprus：Energy simulations and upgrade scenarios of a typical school[J]. Energy and Buildings，2014，72：8-16.

[83] Salvalai G，Malighetti L E，Luchini L，et al. Analysis of different energy conservation strategies on existing school buildings in a Pre-Alpine Region[J]. Energy and Buildings，2017，145：92-106.

[84] 周霜，杨蕾，廖永丹，等. 高等学校照明节能改造——以四川某大学校区为例 [J]. 建筑节能，2014，42（12）：88-90.

[85] 张文宇. 夏热冬冷地区公共建筑节能改造技术分析及能效评价 [J]. 暖通空调，2020，50（5）：67-70.

[86] Hu M. Optimal Renovation Strategies for Education Buildings—A Novel BIM-BPM-BEM Framework[J]. Sustainability，2018，10（9）：3287.

[87] 李禹成，魏树魁. 公共区域智慧节能照明控制系统设计 [J]. 光源与照明，2023（7）：80-82.

[88] 黄宏梅. 结合天然采光的室内智能照明控制策略研究 [D]. 苏州：苏州科技大学，2020.

[89] 叶宏亮. 某建筑系统用水现状和节水型改造研究 [D]. 张家口：河北建筑工程学院，2021.

[90] 孙文博. 低碳导向下建筑屋顶与太阳能光伏系统一体化设计研究 [D]. 济南：山东建筑大学，

2023.

[91] Lou S，Tsang E K W，Li D H W，et al. Towards Zero Energy School Building Designs in Hong Kong[J]. Energy Procedia，2017，105：182-187.

[92] 王崇杰，张泓，尹红梅. 既有建筑光伏立面一体化节能改造设计——以太原市某公共建筑改造设计为例 [J]. 建筑节能，2019，47（8）：135-139+148.

[93] Liu Y，Eckert C M，Earl C. A review of fuzzy AHP methods for decision-making with subjective judgements[J]. Expert Systems with Applications，2020，161：113738.

[94] 邓雪，李家铭，曾浩健，等. 层次分析法权重计算方法分析及其应用研究 [J]. 数学的实践与认识，2012，42（7）：93-100.

[95] 黄梓薇，赵康，葛坚，等. 杭州绿色中学教室室内环境实测评价研究 [J]. 建筑与文化，2019（9）：76-77.

[96] UN Environment Programme（UNEP）. 2023 Global status report for buildings and construction.[EB/OL].[2024-07-01]. https：//www.unep.org/resources/report/global-status-report-buildings-and-construction.

[97] Li Y，Ren J，Jing Z，et al. The existing building sustainable retrofit in China-a review and case study[J]. Procedia Engineering，2017，205：3638-3645.

[98] Love P，Arthur Bullen P. Toward the sustainable adaptation of existing facilities[J]. Facilities，2009，27（9/10）：357-367.

[99] Schwartz Y，Raslan R，Mumovic D. Refurbish or replace? The life cycle carbon footprint and life cycle cost of refurbished and new residential archetype buildings in London[J]. Energy，2022，248：123585.

[100] Klepeis N E，Nelson W C，Ott W R，et al. The National Human Activity Pattern Survey（NHAPS）：a resource for assessing exposure to environmental pollutants[J]. Journal of exposure science & environmental epidemiology，2001，11（3）：231-252.

[101] Mujan I，Anđelković A S，Munćan V，et al. Influence of indoor environmental quality on human health and productivity-A review[J]. Journal of cleaner production，2019，217：646-657.

[102] Fisk W J，Singer B C，Chan W R. Association of residential energy efficiency retrofits with indoor environmental quality，comfort，and health：A review of empirical data[J]. Building and Environment，2020，180：107067.

[103] Lozinsky C H，Casquero-Modrego N，Walker I S. The health and indoor environmental quality impacts of residential building envelope retrofits：A literature review[J]. Building and Environment，2025：112568.

[104] 唐鸣放，冉建东，杨真静，等. 种植屋面热工参数 [J]. 暖通空调，2017，47（12）：118-

123.

[105] Perez G，Rincon L，Vila A，et al. Green vertical systems for buildings as passive systems for energy savings[J]. Applied energy，2011，88（12）：4854-4859.

[106] Stec W J，Van Paassen A H C，Maziarz A. Modelling the double skin façade with plants[J]. Energy and buildings，2005，37（5）：419-427.

[107] Cheng C Y，Cheung K K S，Chu L M. Thermal performance of a vegetated cladding system on facade walls[J]. Building and environment，2010，45（8）：1779-1787.

[108] 王兰体，于兵，李曾，等. 办公建筑节能改造综合解决方案的评估模型研究——以寒冷地区为例 [J]. 建筑经济，2018，39（5）：105-110.

[109] ALI H，HASHLAMUN R. Envelope retrofitting strategies for public school buildings inJordan[J]. Journal of Building Engineering，2019，25：1-13.

[110] Dowd R M，Mourshed M. Low carbon Buildings：Sensitivity of Thermal Properties of Opaque Envelope Construction and Glazing[J]. Energy Procedia，2015，75：1284-1289.

[111] 《建筑节能应用技术》编写组. 建筑节能应用技术 [M]. 上海：同济大学出版社，2011.

[112] 重庆市住房和城乡建设委员会. 关于禁限民用建筑外墙外保温工程有关技术要求的通知 [R/OL]. （2021-8-31）[2021-11-3]. http：//zfcxjw.cq.gov.cn/zwgk_166/fdzdgknr/zcwj/qtwj/202103/t20210329_9043835_wap.html.

[113] Nandapala K，Chandra M S，Halwatura R U. A study on the feasibility of a new roof slab insulation system in tropical climatic conditions[J]. Energy and Buildings，2020，208（1）：1-8.

[114] Ashhar M，Lim C H. Numerical simulation of heat transfer in a roof assembly with reflective insulation and radiant barrier[J]. Building Simulation，2020，13（1）：897-911.

[115] 朱晓姣，柳松，张圣楠，等. 北京市办公建筑空调系统现状调研及节能改造潜力分析 [J]. 建筑技术，2024，55（14）：1693-1696.

[116] Cui W，Liu G，Wang Y，et al. Integrated optimization of the building envelope and the HVAC system in office building retrofitting[J]. Case Studies in Thermal Engineering，2024，62：105185.

[117] Azis S. Improving present-day energy savings among green building sector in Malaysia using benefit transfer approach：Cooling and lighting loads[J]. Renewable and Sustainable Energy Reviews，2021，137：1-13.

[118] 秦岭，李坤，杨建荣. 上海市绿色办公建筑运行水耗基准值分析 [J]. 给水排水，2020，56（07）：96-102.

[119] Gusatvsson L，Nguyen T，Sathre R，et al. Climate effects of forestry and substitution of concrete buildings and fossil energy[J]. Renewable and Sustainable Energy Reviews，2021，136：1-15.

[120] Huang B，Xing K，Pullen S，et al. Ecological-economic assessment of renewable energy deployment in sustainable built environment[J]. Renewable Energy，2020，161：1328-1340.

[121] Yuan X，Wang X，Zuo J. Renewable energy in buildings in China-A review[J]. Renewable and Sustainable Energy Reviews，2013，24：1-8.

[122] Taşer A，Koyunbaba B K，Kazanasmaz T. Thermal，daylight，and energy potential of building-integrated photovoltaic（BIPV）systems：A comprehensive review of effects and developments[J]. Solar Energy，2023，251：171-196.

[123] Chen L，Baghoolizadeh M，Basem A，et al. A comprehensive review of a building-integrated photovoltaic system（BIPV）[J]. International Communications in Heat and Mass Transfer，2024，159：108056.

[124] Tang L，Zeng L，Luo J，et al. All- Round Passivation Strategy Yield Flexible Perovskite/ CuInGaSe2 Tandem Solar Cells with Efficiency Exceeding 26.5%[J]. Advanced Materials，2024，36（28）：2402480.

[125] 中华人民共和国住房和城乡建设部.建筑碳排放计算标准：GB/T 51366-2019[S]. 北京：中国建筑工业出版社，2019.

[126] Xu Y，Yan C，Wang G，et al. Optimization research on energy-saving and life-cycle decarbonization retrofitting of existing school buildings：A case study of a school in Nanjing[J]. Solar Energy，2023，254：54-66.

[127] 宋志茜，李亚伦，马戈，等.杭州西站枢纽站房建筑全生命周期减碳研究 [J]. 中外建筑，2022（12）：28-34.

[128] 邹一宁.朝阳万达广场全生命周期碳排放计算及减碳策略研究 [D]. 沈阳：沈阳建筑大学，2020.

[129] 中华人民共和国住房和城乡建设部.近零能耗建筑技术标准：GB/T 51350-2019 [S]. 北京：中国建筑工业出版社，2019.

[130] Charles A，Maref W，Ouellet-Plamondon C M. Case study of the upgrade of an existing office building for low energy consumption and low carbon emissions[J]. Energy and Buildings，2019，183：151-160.

[131] Nabil A，Mardaljevic J. Useful daylight illuminances：A replacement for daylight factors[J]. Energy and Buildings，2006，38（7）：905-913.

[132] Fang Y，Luo X，Lu J. A review of research on the impact of the classroom physical environment on schoolchildren's health[J]. Journal of Building Engineering，2023，65：105430.

[133] Research C. CASBEE for Building（New Construction）[S]. Institute for Building Environment and Energy Conservation，2014.

[134] 陈锦韬. 以低碳健康为导向的住宅窗技术多目标优化方法研究 [D]. 杭州：浙江大学，2022.

[135] Xu Y，Yan C，Pan Y，et al. A three-stage optimization method for the classroom envelope in primary and secondary schools in China[J]. Journal of Building Engineering，2022，52：104487.

[136] Xu Y，Yan C，Qian H，et al. A Novel Optimization Method for Conventional Primary and Secondary School Classrooms in Southern China Considering Energy Demand，Thermal Comfort and Daylighting[J]. Sustainability，2021，13（23）：13119.

[137] Asadi E，Silva M G D，Antunes C H，et al. Multi-objective optimization for building retrofit：A model using genetic algorithm and artificial neural network and an application[J]. Energy and Buildings，2014，81：444-456.

[138] Almeida R M S F，De Freitas V P. An Insulation Thickness Optimization Methodology for School Buildings Rehabilitation Combining Artificial Neural Networks and Life Cycle Cost[J]. Journal of Civil Engineering and Management，2016，22（7）：915-923.

[139] Escandón R，Ascione F，Bianco N，et al. Thermal comfort prediction in a building category：Artificial neural network generation from calibrated models for a social housing stock in southern Europe[J]. Applied Thermal Engineering，2019，150：492-505.

[140] Gabrielli L，Ruggeri A G. Developing a model for energy retrofit in large building portfolios：Energy assessment，optimization and uncertainty[J]. Energy and Buildings，2019，202：109356.

[141] Roman N D，Bre F，Fachinotti V D，et al. Application and characterization of metamodels based on artificial neural networks for building performance simulation：A systematic review[J]. Energy and Buildings，2020，217：109972.

[142] 朱丽，张吉强，王飞雪，等. 规划阶段建筑冷热负荷预测与特性分析 [J]. 中南大学学报（自然科学版），2020，51（10）：2969-2977.

[143] Costa-Carrapiço I，Raslan R，González J N. A systematic review of genetic algorithm-based multi-objective optimisation for building retrofitting strategies towards energy efficiency[J]. Energy and Buildings，2020，210：109690.

[144] 田一辛，黄琼. 建筑性能多目标优化设计方法及其应用——以遗传算法为例 [J]. 新建筑，2021（5）：84-89.

[145] Machairas V，Tsangrassoulis A，Axarli K. Algorithms for optimization of building design：A review[J]. Renewable and Sustainable Energy Reviews，2014，31：101-112.

[146] Zhai Y，Wang Y，Huang Y，et al. A multi-objective optimization methodology for window design considering energy consumption，thermal environment and visual performance[J]. Renewable Energy，2019，134：1190-1199.

[147] 张安晓.基于能耗和舒适度的寒冷地区中小学校多目标优化设计研究 [D].天津:天津大学，2018.

[148] 国家标准化管理委员会.房间空气调节器能效限定值及能效等级:GB 21455-2019[S].北京:中国标准出版社，2020.

[149] 汪静.中国城市住区生命周期 CO_2 排放量计算与分析 [D].北京:清华大学，2009.

[150] BOK Y J，TAE S H，KIM R Y. Analysis of CO_2 Emission in the Waste Disposal Process Based on Computation of Construction Waste[J]. Advanced Materials Research，2014，1025-1026：1079-1082.

[151] 2006 IPCC Guidelines for National Greenhouse Gas Inventories — IPCC[EB/OL]. [2020-03-14]. https：//www.ipcc.ch/report/2006-ipcc-guidelines-for-national-greenhouse-gas-inventories/.

[152] 中国城市科学研究会，城市旧居住区综合改造技术标准：T/CSUS 04-2019[S].北京:中国建筑工业出版社，2019.

[153] 住房和城乡建设部科技与产业化发展中心，老旧小区有机更新改造技术导则 [M].北京:中国建筑工业出版社，2016.

[154] 崔鹏.建筑物生命周期碳排放因子库构建及应用研究 [D].南京:东南大学，2015.

[155] 中华人民共和国国家环境保护部.环境标志产品技术要求 水泥:HJ 2519-2012[S] 北京:中国环境科学出版社，2012.

[156] 中国建筑节能协会:中国建筑能耗研究报告 [EB/OL].（2018-12-29）[2020-8.20]. https：//www.cabee.org/site/content/22960.html.

[157] 国家发展改革委应对气候变化司. 2017 中国区域电网基准线排放因子（征求意见稿）.[R].北京:国家发展改革委，2018.

[158] 上海发展和改革委员会.上海市温室气体室排放核算与报告指南（试行）[R].上海:上海发展和改革委员会，2012.

[159] 聂梅生，秦佑国，江亿.中国绿色低碳住区技术评估手册 [M] 北京:中国建筑工业出版社，2007.

[160] 李欢，金宜英，李洋洋.生活垃圾处理的碳排放和减排策略 [J].中国环境科学，2011，31（2）：259-264.

[161] Xu J，Shi Y，Xie Y，et al. A BIM-Based Construction and Demolition Waste Information Management System for Greenhouse Gas Quantification and Reduction[J]. Journal of Cleaner Production，2019，229：308-324.

[162] Bull J，Gupta A，Mumovic D，et al. Life Cycle Cost and Carbon Footprint of Energy Efficient Refurbishments to 20th Century UK School Buildings[J]. International Journal of Sustainable Built Environment，2014，3（1）：1-17.

[163] Passer A，Ouellet-plamondon C，Kenneally P，et al. The Impact of Future Scenarios on Building Refurbishment Strategies towards plus Energy Buildings[J]. Energy and Buildings，2016，124：153-163.

[164] 王茜茜．银川市城市宜居性评价与研究 [D]. 银川：宁夏大学，2014.

[165] 舒平，薛姣．天津市既有住区外部空间质量影响因素探究 [J]. 城市建筑，2018（34）：56-60.

[166] 刘筱青．基于居民感知的绿色住区使用后评价研究 [D]. 长流：湖南大学，2017.

[167] 岳方芳．开封市城市人居环境质量评价研究 [D]. 郑州：河南大学，2014.

[168] 王常煦．社区室外环境心理品质与居民满意度的研究 [D]. 北京：北京林业大学，2009.

[169] 张文忠．宜居城市的内涵及评价指标体系探讨 [J]. 城市规划学刊，2007（3）：30-34.

[170] 任学慧，林霞，张海静，等．大连城市居住适宜性的空间评价 [J]. 地理研究，2008（3）：683-692.

[171] 陈衍泰，陈国宏，李美娟．综合评价方法分类及研究进展 [J]. 管理科学学报，2004（2）：69-79.

[172] 罗晓予．基于环境质量和负荷的可持续人居环境评价体系研究 [D]. 杭州：浙江大学，2008.

[173] 王一，姜培培．上海市既有住宅区太阳能光伏改造潜力研究 [J]. 住宅科技，2021，41（12）：48-54.

[174] 周琳．城镇老旧小区改造推广建筑光伏系统的思考 [J]. 建筑，2020（14）：30-32.

[175] 宋莲．城镇住宅小区屋顶光伏应用实例 [J]. 电子世界，2020（15）：161-162.

[176] 赵若楠，董莉，白璐，等．光伏行业生命周期碳排放清单分析 [J]. 中国环境科学，2020，40（6）：2751-2757.

[177] 邢犇犇,徐金花．基于绿色校园理念的雨水回用方案设计与分析 [J]. 建筑节能,2020,48(1)：111-114.

[178] 黄璐．基于海绵城市理念武汉既有小区雨水控制研究 [D]. 武汉：湖北工业大学，2019.

[179] 中华人民共和国住房和城乡建设部．民用建筑节水设计标准：GB 50555-2010[S]. 北京：中国建筑工业出版社，2010.

[180] 龚敏，欧阳金龙，葛坚．既有住宅建筑节能改造措施及节能减排效果——以夏热冬冷地区杭州市为例 [J]. 浙江大学学报（工学版），2008（10）：1822-1827.

[181] Dong J，Ni M，Chi Y，et al. Life cycle and economic assessment of source-separated MSW collection with regard to greenhouse gas emissions：a case study in China[J]. Environ Sci Pollut Res，2013（20）：5512-5524.

[182] Diana Ü，Aleksandra N，Potentials and costs of carbon dioxide mitigation in the world's buildings[J]. Energy Policy，2008（36）：642-661.

[183] Janne H，Juha J，Juhani H & Risto K. Towards the EU emissions targets of 2050：optimal

energy renovation measures of Finnish apartment buildings[J]. International Journal of Sustainable Energy, 2019（38）: 649-672.

[184] James R. Simpson, Urban forest impacts on regional cooling and heating energy use: sacramento county case study[J]. Journal of Arboriculture, 1998（24）: 201-214.

[185] Jun L, Dayong Z, Bin S, The impact of social awareness and lifestyles on household carbon emissions in china[J]. Ecological Economics, 2019（160）: 145-155.

既有建筑绿色低碳更新改造